普通高等教育"十一五"国家级规划教材

21世纪高等学校计算机规划教材
21st Century University Planned Textbooks of Computer Science

大学信息技术应用基础
上机实验指导与测试（第4版）

Practice of Computer Operation and Training Test For the University
Fundamental of Information Technology and Application (4th Edition)

吴丽华 冯建平 符策群 吴泽晖 周玉萍等 编著

高校系列

人民邮电出版社
北京

图书在版编目（CIP）数据

大学信息技术应用基础上机实验指导与测试 / 吴丽
华等编著. -- 4版. -- 北京 : 人民邮电出版社，2015.2（2019.8重印）
21世纪高等学校计算机规划教材
ISBN 978-7-115-38322-8

Ⅰ. ①大… Ⅱ. ①吴… Ⅲ. ①电子计算机一高等学校
一教学参考资料 Ⅳ. ①TP3

中国版本图书馆CIP数据核字(2015)第021726号

内 容 提 要

本书是《大学信息技术应用基础（Windows 7+Office 2010）（第4版）》的实验配套教材，内容包括基本操作能力训练和综合设计能力测试两大部分。

本书第一部分"基本操作能力训练"安排了 37 个实验。其中"Windows 7 操作系统"实验 5 个；"MS Office办公软件"实验 14 个；"多媒体技术"实验 2 个；"Photoshop 图像处理软件"实验 4 个；"计算机网络及 Internet应用"实验 5 个；"数据库技术"实验 2 个；"程序设计基础"实验 2 个，"常用工具软件"实验 4 个。第二部分"综合设计能力测试"安排了 11 道设计题，提供给学生进行自我能力测试使用。

本书简明扼要，可操作性强，适合学生上机训练和自我测试时使用。

◆ 编　著　吴丽华　冯建平　符策群　吴泽晖　周玉萍　等
责任编辑　邹文波
责任印制　沈　蓉　彭志环

◆ 人民邮电出版社出版发行　　北京市丰台区成寿寺路 11 号
邮编　100164　电子邮件　315@ptpress.com.cn
网址　http://www.ptpress.com.cn
大厂聚鑫印刷有限责任公司印刷

◆ 开本：787×1092　1/16
印张：9.75　　　　　　　2015 年 2 月第 4 版
字数：249 千字　　　　　2019 年 8 月河北第 12 次印刷

定价：24.00 元
读者服务热线：(010) 81055256　印装质量热线：(010) 81055316
反盗版热线：(010) 81055315

第 4 版前言

本书是与《大学信息技术应用基础（Windows 7 + Office 2010）（第 4 版）》配套使用的上机实验指导书，编写本书的主要目的是为了便于教师教学和学生上机自学使用。

全书共分两部分：基本操作能力训练和综合设计能力测试。其中第一部分"基本操作能力训练"安排了 37 个实验。其中"Windows 7 操作系统"实验 5 个；"MS Office 办公软件"实验 14 个；"多媒体技术"实验 2 个；"Photoshop 图像处理软件"实验 4 个；"计算机网络技术及 Internet 应用"实验 5 个；"数据库技术"实验 2 个；"程序设计基础"实验 2 个；"常用工具软件"实验 4 个。第二部分"综合设计能力测试"安排了 11 道设计题，提供给学生在学习单元结束后进行自我测试，以便巩固所学的知识。

本书侧重 Windows 7 + MS Office 2010 版的内容实验和测试，每一个实验都给出实验目的、实验内容以及具体操作过程和步骤，具有典型性、指导性和实用性的特点。书中根据实验教学需要提供了实验素材和结果样张，测试题都提供了标准答案（电子版文件），以方便教师和学生使用。对"计算机网络技术及 Internet 应用"内容的实验，要求有相应的网络环境才能实现。各学校在教学过程中，可根据实际的实验环境、学习对象和学时数等情况，对实验内容和过程进行适当的修改和调整。

参加本书编写的人员有吴丽华、冯建平、符策群、吴泽晖、周玉萍、邢琳等教师。其中"Windows 7 操作系统"和"程序设计基础"实验由吴丽华编写，"MS Office 办公软件"实验由符策群编写，"多媒体技术"和"Photoshop 图像处理软件"实验由冯建平编写，"数据库技术"实验由吴泽晖编写，"计算机网络技术及 Internet 应用"实验由周玉萍和邢琳共同编写，"常用工具软件"实验由蒋文娟编写。全书由吴丽华统稿。在编写的过程中，得到了各高校同行及专家学者们的大力帮助，在此表示衷心的感谢。

由于作者水平有限，加之计算机技术发展日新月异，书中难免存在错误和不妥之处，敬请读者批评指正。

编 者
2015 年 1 月
第 4 次修订

目　录

第1章
"Windows 7 操作系统" 实验

实验 1　键盘及指法练习

一、实验目的

1. 认识键盘，并进行标准的键盘指法训练。
2. 掌握汉字输入法及切换方法。

二、实验内容

1. 启动 Windows 7 操作系统，认识鼠标并熟悉基本操作。

在 Windows 7 中鼠标的 5 种基本操作为：单击、双击、拖曳、指向和单击右键。

2. 认识键盘，进行标准的键盘指法训练。

（1）认识键盘。

键盘一般分成 4 个区，分别为主键盘区、功能键区、编辑键区、数字键区。

主键盘区——位于键盘的左部，主键盘区分为字母键、数字键、符号键和控制键。该区是我们操作电脑时使用频率最高的键盘区域。

功能键区——主要分布在键盘的最上一排，从 F1 到 F12。在不同的软件中，可以对功能键进行定义，或者是配合其他键进行定义，起到不同的作用。

编辑键区——位于主键盘区的右边，由 10 个键组成。在文字的编辑中有着特殊的控制功能。

数字键区——位于键盘的最右边，又称小键盘区。该键区兼有数字键和编辑键的功能。

（2）进行标准的键盘指法训练。

观察键盘各分区并熟悉 Back、Caps Lock、Shift、Ctrl、Alt、Enter 等按键的位置、名称及作用。击键时键盘指法如图 1-1 所示，你可查看你使用的计算机是否装了金山打字通等打字软件来进行指法练习。

3. 键盘中文和西文输入状态的切换，以及汉字输入法的切换。

（1）选择"开始/程序/附件/写字板"命令，打开"写字板"应用程序窗口。

（2）用鼠标单击任务栏右端的输入法按钮，打开输入法列表，选择一种汉字输入法。

（3）在"写字板"窗口内任意输入一段文字（包括汉字和西文），练习完毕后关闭写字板窗口，保存文件到指定的一个文件夹中。

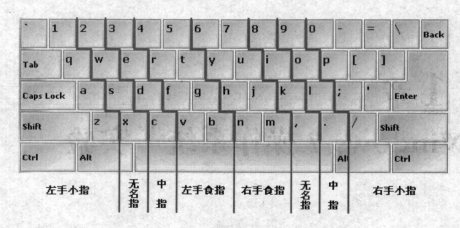

图 1-1　键盘指法图

英文字母、数字字符和键盘上出现的其他非控制字符有全角和半角之分。全角字符就是一个汉字。半角字符就是一个英文字母。

- 利用 "CapsLock" 键可以切换英文大、小写状态。
- 一般利用 "Ctrl+Space" 组合键可以切换中、英文输入状态，也可用 "Ctrl+Shift" 组合键在不同的中文输入法和英文输入状态之间进行切换。切换到某中文输入法后，单击状态框最左端的 "中文/英文" 输入按钮可以切换中文、英文输入，如图 1-2 所示。

图 1-2　微软拼音输入法状态框

操作提示：要输入汉字，键盘应处于小写状态，并且确保输入法状态框处于中文输入状态。在大写状态下不能输入汉字。输入汉字标点符号 "《" 和 "、" 时要对应中文输入状态下的 "<" 和 "\" 键盘按键。

实验 2　微型计算机硬件系统组成及配置

一、实验目的

通过本次实验，学习使用多种方法查看计算机硬件系统组成及分析硬件系统的配置情况。

二、实验内容

1. 查看实验机的硬件系统组成及常用参数情况。

在计算机实验室内，查看实验机的硬件系统组成情况（每人一台实验机）。

分组合作（依据班级人数与实验机数量进行分组，2 人一组为佳），每组可以自行分配成员任务，如辨识硬件部件，登记参数等。在这过程中同学们需要在实验报告中填写以下的内容，列出并记下各主要部件的主要参数，如有补充可以在后面其他栏自行填写。

CPU			
品牌		二级缓存	
型号		前端总线频率（FSB）	
主频		其他	

内存			
品牌		容量	
类型		其他	

硬盘			
品牌		容量	
接口		数据传输率	
其他			

光驱			
品牌		类型	
接口		其他	

其他			
品牌		型号或类型	
其他			

2. 提供以下几种查看硬件系统相关参数的方法。

方法 1：拆下硬件直接查看硬件参数标签（主要使用方法）。

（1）释放身体静电；

（2）使用十字起子工具将主机箱螺丝卸下，打开机箱盖子；

（3）分别将实验机的各重要部件小心拆下，轻放在水平实验桌上，找到每一部件上的参数标签，根据上面要求填写表格；

（4）填写完后，将部件重新安装回主机箱内。

若希望在不拆主机的情况下填写以上数据，可以使用下面的方法。

方法 2：开机自检中查看硬件配置。

在开机自检的画面中查找硬件配置的简单介绍（由于开机画面一闪而过，要按住"PAUSE"键才能看清楚）。

（1）显卡信息：开机自检时首先检查的硬件就是显卡，启动机器后首先在屏幕左上角出现的几行文字就是显卡的信息，第一个画面显示显卡的基本信息如图 1-3 所示。

（2）CPU 及硬盘、内存、光驱信息：显示完显卡的基本信息之后，紧接着出现的第二个自检画面则显示了更多的硬件信息，CPU 型号、频率、内存容量、硬盘及光驱信息等都会出现在此画面中。

（3）主板信息：在第二个自检画面的最下方还会出现一行关于主板的信息。画面最上面两行文字标示了主板 BIOS 版本及 BIOS 制造商的版权信息；紧接着的是主板芯片组；其下几行文字则标明了 CPU 的频率及内存容量、速度；下面四行"IDE……"则标明了连接在 IDE 主从接口上的设备，包括硬盘型号及光驱型号等。

第一行　"GeForce4 MX440……"

// 标明了显卡的显示核心为 GeForce4 MX440，支持 AGP 8X 技术；

第二行　"Version……"

// 标明了显卡 BIOS 的版本；

第三行　"Copyright (C)……"

// 厂商的版权信息，标示了显示芯片制造厂商及厂商版权年限；

第四行　"64.0MB RAM"

// 标明了显卡显存容量。

图 1-3　开机自检时显卡的相关信息

方法 3：利用"设备管理器"查看硬件配置。

（1）进入桌面，鼠标右键单击"我的电脑"图标，在出现的菜单中选择"属性"，打开"系统属性"窗口，单击"硬件/设备管理器"，在"设备管理器"中显示了机器配置的所有硬件设备。

（2）从上往下依次排列着光驱、磁盘控制器、CPU、磁盘驱动器、显示器、键盘、声音及视频等信息，一般最下方为显卡。想要了解哪一种硬件的信息，只要单击其前方的"+"将其下方的内容展开即可。

（3）利用设备管理器还可以进一步了解主板芯片、声卡及硬盘工作模式等情况。例如想要查看硬盘的工作模式，只要双击相应的 IDE 通道即可弹出属性窗口，在属性窗口中可查看到硬盘的设备类型及传送模式。

方法 4：利用超级兔子软件（或优化大师等）查看硬件配置情况。

（1）打开"超级兔子"窗口，双击"查看硬件、测试电脑速度"选项；

（2）弹出"超级兔子系统检测"窗口，通过选择左列的 CPU 信息、综合系统信息、CPU 速度测试、显示器检测、键盘按键检测、文件系统检测、磁盘碎片整理，右窗口将显示所对应的信息内容。

方法 5：利用 DirectX 诊断工具查看硬件配置

DirectX 诊断工具可以帮助我们对硬件工作情况做出测试、诊断并进行修改，当然也可以利用它来查看机器的硬件配置。运行"系统信息"窗口（可从开始菜单的"运行"窗口中运行 msinfo32.exe，打开"系统信息"窗口），找到"工具/DirectX 诊断工具"（或者进入安装盘符中 Windows 目录下的 System32 目录中运行 Dxdiag.exe），在"DirectX 诊断工具"窗口中可以方便地查看硬件信息。

（1）查看基本信息。

在"DirectX 诊断工具"窗口中单击"系统"选项卡，我们可以看到当前日期、计算机名称、操作系统、系统制造商及 BIOS 版本、CPU 处理器频率及内存容量等。

（2）查看显卡信息。

在"DirectX 诊断工具"窗口中单击"显示"选项卡，我们可以看到显卡的制造商、显示芯片类型、显存容量、显卡驱动版本、监视器等常规信息。

（3）查看音频信息。

单击"声音"选项卡，同样在出现的窗口中能看到设备的名称、制造商及其驱动程序等极为详细的资料。另外我们还可以单击右下角的"测试 DirectSound(T)"对声卡进行一下简单的测试。

3. 提供以下 Windows 7 的硬件安装的推荐配置，如表 1-1 所示。

表 1-1　　　　　　　　　　　　　　Windows 7 硬件的推荐配置

设备名称	推 荐 配 置	备　　注
CPU	1GHz 及以上的 32 位或 64 位处理器	Windows 7 包括 32 位及 64 位两种版本，如果您希望安装 64 位版本，则需要支持 64 位运算的 CPU 的支持
内存	1GB（32 位）/2GB（64 位）	最低允许 1GB
硬盘	20GB 以上可用空间	不要低于 16GB，参见 Microsoft
显卡	有 WDDM1.0 驱动的支持 DirectX10 以上级别的独立显卡	显卡支持 DirectX 9 就可以开启 Windows Aero 特效
其他设备	DVD R/RW 驱动器或者 U 盘等其他储存介质	安装使用
	互联网连接/电话	需在线激活或电话激活

实验 3　Windows 7 基本操作

一、实验目的

1. 掌握 Windows 7 工作桌面的组成。
2. 掌握使用"Windows 资源管理器"浏览计算机资源的方法。
3. 学习对话框的基本操作。
4. 掌握任务栏的设置，以及在任务栏上切换应用程序。
5. 掌握任务栏的设置与使用、桌面快捷方式的设置与使用。
6. 学习使用 Windows 帮助系统。

二、实验内容

1. 启动 Windows 7 操作系统。

Windows 7 启动后显示的工作桌面，如图 1-4 所示。

根据上机的实验环境登录进入 Windows 7（登录名和密码由任课教师指定），观察 Windows 7 工作桌面的组成。Windows 7 工作桌面主要由各种应用程序图标、开始菜单、任务栏、时钟日期、"输入方式"图标等组成。

Windows 7 桌面有两种呈现方式，一种是默认传统方式，另一种是叠加方式，单击任务栏左下角图标，窗口切换为叠加方式。

2. 鼠标的基本操作。

在 Windows 7 中鼠标的 5 种基本操作为：单击、双击、拖曳、指向和单击右键。

（1）用鼠标的"拖曳"操作，在桌面上移动"我的电脑"的图标，改变它在桌面上的位置。

图1-4 Windows 7 工作桌面组成

（2）用鼠标的"双击"和"单击右键"操作，分别打开"我的电脑"窗口。

（3）用鼠标的"拖曳"操作，改变"我的电脑"窗口的大小。

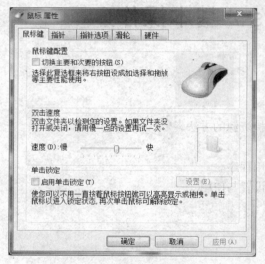

图1-5 "鼠标 属性"对话框

（4）设置鼠标键。

鼠标键是指鼠标上的左右按键。用户可通过设置使鼠标适合于右手操纵，也可把鼠标设置成适合左手操作，这主要取决于用户的个人习惯。设置鼠标键的具体操作步骤如下：

选择"开始/控制面板"命令，打开"控制面板"窗口，双击"鼠标"图标，打开"鼠标 属性"对话框，如图1-5所示。

3. 使用"Windows 资源管理器"浏览计算机资源。

Windows 7 提供了浏览计算机资源的环境或工具，即"Windows 资源管理器"。利用它不仅可以访问本机资源，还可以用来浏览整个网络的文件资源。

（1）在桌面上用鼠标右击"计算机"图标，打开"Windows 资源管理器"窗口，并指出窗口中显示出的各个图标代表的对象。

（2）使用"Windows 资源管理器"查看本机 C、D、E 硬盘的总空间容量大小和存放的对象总数。

选择"开始/所有程序/附件/Windows 资源管理器"命令，打开"Windows 资源管理器"窗口，单击左窗格中项目名旁边的 ▷ 加号或 ◢ 减号，可扩展或收缩所包含的子项目。

试说出你所使用的计算机上 C 盘总空间容量、已使用空间以及根目录上的对象总数各为多少。

4. 对话框的基本操作。

（1）用鼠标"双击"操作，启动桌面任务栏右端的时间区域，打开"日期和时间 属性"对话框，修改计算机的日期和时间。

（2）选择"开始/控制面板"命令，用鼠标"双击"控制面板中的"个性化"图标，选择下方的"桌面背景"，修改"桌面"的背景图案。

5．切换任务栏上的应用程序。

（1）在桌面单击"计算机"图标，打开"库"文件夹，任务栏上显示"库"文件夹的图标，将其最小化，观察任务栏上图标的变化。

（2）选择"开始/所有程序/附件/记事本"命令，打开"记事本"应用程序窗口。用同样的方法依次打开"计算器"和"画图"应用程序窗口。

（3）单击任务栏上的应用程序图标，在"记事本"、"计算器"、"画图"和"库"窗口之间进行切换。

（4）单击任务栏上的  按钮（显示桌面），快速最小化已打开的窗口以便查看桌面，并在桌面之间切换。

6．设置任务栏。

（1）将任务栏移到屏幕的右边缘，再将任务栏移回到原处。

（2）任务栏上显示通知。

（3）设置任务栏为自动隐藏。

选择"开始/控制面板"命令，选择"任务栏和开始菜单"标签，如图 1-6 所示。

（4）将常用程序锁定到任务栏，将鼠标指针放到 Win7 任务栏的程序图标上就可以快速查看打开的程序窗口的略缩图，用鼠标右键单击图标可以看到跳转列表。

图 1-6　"任务栏和开始菜单属性"对话框

（5）按住 Shift 键，在打开的一个程序窗口的任务栏图标上用鼠标右键单击，即打开单窗口操控菜单，进行"还原、移动、大小、最小化、最大化、关闭"等窗口操作选项。

（6）按住 Shift 键，在打开的多个程序窗口的任务栏图标上右键单击，即打开多窗口操控菜单，进行包含多窗口操控选项的如"层叠、堆叠、并排、还原、最小化、关闭所有窗口"等操作。

7．建立桌面快捷方式。

（1）在桌面上建立"系统"应用程序的快捷方式。

选择"控制面板"命令，打开"控制面板"窗口，用鼠标右键单击"系统"应用程序的图标，选择快捷菜单中的"创建快捷方式"命令。

（2）通过桌面的快捷菜单，在桌面上为新建库建立一个名为"图形库"的快捷方式。

单击"Windows 资源管理器"中工具栏"新建库"命令，新建一个库，用鼠标右键单击，选择"重命名"，命名为"图形库"，用鼠标右键单击"图形库"，选择"发送到"快捷桌面。

（3）通过桌面的快捷菜单，在桌面上建立一个名为"文档"库的快捷方式。

单击"Windows 资源管理器"中"文档"库，用鼠标右键单击"文档库"，选择"发送到"快捷桌面。

（4）在桌面上建立名为"Myfile.txt"的文本文件和名为"我的数据"的文件夹。

用鼠标右键单击桌面空白区域，选择快捷菜单中的"新建/文本文档"命令，桌面上出现"新建文本文档.txt"图标，将"新建文本文档.txt"改为"Myfile.txt"后，按 Enter 键。

（5）使用鼠标拖曳（复制）操作，在桌面上建立查看本地 C 盘资源的快捷方式。

打开"Windows 资源管理器"窗口（不要将窗口最大化），选择 C 盘的图标，直接用鼠标将其拖曳到桌面上。

（6）利用"Windows 资源管理器"的快捷菜单中的"发送到"命令，在桌面上建立可以打开"文档"库的快捷方式。

 可以使用类似的操作创建文件、程序、文件夹、打印机或计算机等快捷方式。

8. 桌面对象快捷方式的移动、复制和删除。

（1）将桌面上的"文档"库和"系统"应用程序的快捷方式复制到"我的数据"文件夹内。

用 Ctrl 键加鼠标操作同时选定桌面上的"Windows 资源管理器"和"系统"应用程序的快捷方式图标，直接拖曳到"我的数据"图标上。如果"我的数据"窗口已打开，可直接拖曳到窗口区域内。

（2）用 Ctrl 键加鼠标拖曳操作，将桌面上的"Myfile.txt"文件复制到"我的数据"文件夹内。

 以上操作也可通过剪贴板完成。用鼠标右键单击选定的对象，执行快捷菜单中的"复制"命令，再用鼠标右键单击目标对象，执行快捷菜单中的"粘贴"命令。

（3）删除桌面上已经建立的"文档"库和"系统"应用程序的快捷方式。

选中"文档"库和"系统"应用程序的快捷方式图标，按 Del 键（或在其上单击鼠标右键，从弹出的快捷菜单中的选择"删除"命令），确认信息后，被删除的对象进入回收站。

（4）恢复已删除的"文档"库快捷方式。

打开"回收站"，选中其中的"文档"库快捷方式图标，执行"还原此项目"命令。凡转移到回收站内的对象，只要回收站保存有这些信息，就可恢复。

（5）删除桌面上的"Myfile.txt"文件对象，使之不可恢复。

选中要删除的对象，用 Shift 键加 Del 键或 Shift 键加"删除"命令，被删除的对象将不进入回收站，实现永久性删除。也可在回收站内选择"清空回收站"命令，彻底删除进入回收站的对象。

9. 更改桌面上某一快捷方式的图标。

用鼠标右键单击要更改的某快捷方式的图标，选择"属性"命令，打开"属性"对话框，单击"更改图标"按钮，打开"图标库"，指定所需要的图标即可。

10. "开始"菜单与桌面对象之间的联系。

（1）将桌面上"文档"库的快捷方式复制到开始菜单的顶部。

按住 Ctrl 键不放，将桌面上"文档"库快捷方式图标拖曳到"开始"菜单的按钮上，等到"开始"菜单打开后，再将"Windows 资源管理器"图标拖曳到开始菜单的顶部，然后释放鼠标和 Ctrl 键。

（2）将桌面上"我的数据"的文件夹移到开始菜单"所有程序"组内。

按住 Shift 键，将桌面上"我的数据"文件夹图标拖曳到"开始"菜单的按钮上，等到"开始"菜单打开后，再将"我的数据"文件夹图标拖曳到"程序"子菜单内的适当位置，然后释放鼠标和 Shift 键。

 使用 Shift 键与使用 Ctrl 键是有区别的。

（3）将"开始"菜单中的"附件"子菜单复制到桌面。

将鼠标指针指向"附件"子菜单，按住 Ctrl 键，再将"附件"子菜单拖曳到桌面，然后释放鼠标和 Ctrl 键。

11. 使用 Windows 帮助系统。

（1）选择"开始/帮助和支持"命令，或选择桌面"计算机"图标、"网络"图标等窗口中的"帮助"菜单命令，都将打开 Windows 帮助窗口，如图 1-7 所示。

（2）单击"浏览帮助主题"，在目录中展示的主题项和下级书目中，查找某个主题项，例如查找"文件、文件夹和库"主题项。

（3）单击"文件、文件夹和库"目录，查找有关"库"的帮助信息。

（4）单击"搜索"标签，通过在文本框内键入关键字列出与其相关的帮助主题。

本例要求输入关键字"快捷键"，然后单击"搜索"按钮，Windows 7 帮助窗口将列出相应主题。

12. 设置"回收站"。

用鼠标右键单击"回收站"图标，选择快捷菜单中的"属性"命令，配置你所使用的计算机上的回收站。要求：C 盘上回收站的最大空间容量为 1000MB。

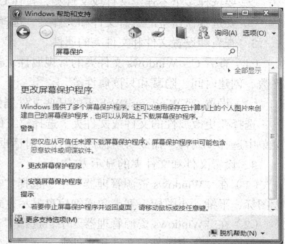

图 1-7 Windows 帮助窗口

13. 退出 Windows 7。

使用完系统后，退出 Windows 7 并关闭计算机。退出时有两种情况：正常关机和异常关机。

（1）正常关机。单击"开始"菜单，选择"关机"。

（2）异常关机。有时会遇到系统或程序死机的情况。即不管按哪个键或单击鼠标，屏幕上都没有响应。此时可以选择按 Ctrl+Alt+Del 组合键，在窗口中，单击"关机"或单击"重新启动"命令后，再选择正常关机。

实验 4　Windows 文件管理

一、实验目的

1. 掌握 Windows 资源管理器的使用。
2. 掌握文件和文件夹的建立、属性和显示方式的设置。
3. 掌握文件和文件夹的选择、复制、移动和删除操作。
4. 掌握搜索文件和文件夹的方法。

二、实验内容

1. 通过"Windows 资源管理器"格式化 U 盘。

打开"Windows 资源管理器"窗口，用鼠标右键单击 U 盘图标，从快捷菜单中选择"格式化"

命令，弹出"格式化"对话框。按图示设置选项。如果要标记磁盘（命名磁盘），可输入卷标。

2．选择文件和文件夹。

Windows 7 是采用树型结构以文件夹的形式组织和管理文件的。

（1）在"Windows 资源管理器"中通过双击打开 C:\ Windows 文件夹。

（2）同时选择 C:\ Windows\Web 子文件夹。

① 要选择多个连续的文件或文件夹，先单击第一个项目，按住 Shift 键不放，然后单击最后一个项目。

② 要选择多个不连续文件或文件夹，按住 Ctrl 键，再单击或指向每个需要的项目。

③ 要选择窗口中的所有文件和文件夹，选择"编辑/全部选定"命令即可。

3．查看和设置文件和文件夹的属性。

（1）查看 C:\ Windows 文件夹的常规属性，包括大小、占用的空间、包含的文件数、子文件夹数、创建时间、隐藏和只读属性等。

（2）设置 C:\ Windows \Web 下的某些文件属性为"隐藏"。

选择要更改属性的文件或文件夹。选择"文件/属性"命令（或在其上单击鼠标右键，从快捷菜单中选择"属性"命令），打开"属性"对话框，即可查看或设置属性。

4．设置文件和文件夹的显示方式。

（1）在"Windows 资源管理器"中，选择"查看"菜单内相应的命令，分别选用超大图标、大图标、平铺、小图标、列表和详细信息显示方式，显示文件和文件夹，仔细观察其变化。

（2）在"Windows 资源管理器"中，选择"查看"菜单命令，可分别按名称、大小、类型、修改日期等排序方式显示文件和文件夹。

（3）在"Windows 资源管理器"中，显示属性为"系统""隐藏"的文件和文件夹。

在"Windows 资源管理器"中，选择"工具/文件夹选项"命令，打开"文件夹选项"对话框，选择"查看"选项卡，进行选择设置。

（4）在"Windows 资源管理器"中设置显示文件和文件夹的扩展名。

在"文件夹选项"对话框中取消"隐藏已知文件类型的扩展名"复选框的选择。

5．在磁盘上指定的位置创建新文件夹或文件。

（1）在"Windows 资源管理器"中，单击希望在其中创建新文件夹的驱动器或文件夹，选择"文件/新建/文件夹"命令，在新建文件夹的名称文本框内键入新建文件夹的名称，然后按 Enter 键。如图 1-8 所示。

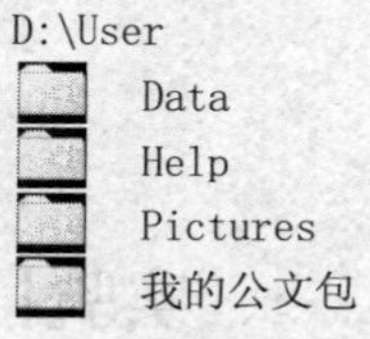

（2）类似地，在"Windows 资源管理器"中，可通过选择"文件/新建"快捷菜单命令，然后选择新建文件的类型，键入新建文件的名称，然后按 Enter 键的方法建立一个新文件。如图 1-9 所示。

D:\User
Data
Help
Pictures
我的公文包

图 1-8　文件夹的结构

6．复制或移动文件或文件夹。

（1）用鼠标拖曳将 C:\ Windows\Cursors 文件夹复制到上面结构 D:\User\Data 文件夹下。

在"Windows 资源管理器"的左窗格中，单击 C:\ Windows\Cursors 文件夹，按住 Ctrl 键不放，用鼠标将其直接拖曳到 D:\User\Data 文件夹图标上，当对象被拖曳到目标位置时，目标对象图标说明文字变成蓝底白字，然后释放鼠标和 Ctrl 键。

（2）用鼠标拖曳将 C:\ Windows\Help 文件夹中的 ACCESS.* 和 CALC.* 文件复制到 D:\User\Help 文件夹下。

（3）用命令操作将 C:\ Windows\Help 文件夹中的 ACCESS.* 和 CALC.* 文件复制到 D:\User\Help 文件夹下。

选择 C:\Winnt\Help 文件夹中的 ACCESS.* 和 CALC.* 文件后，再选择"编辑/复制"命令，将鼠标指针指向要复制到的目标上，选择"编辑/粘贴"命令。

（4）用鼠标拖曳或命令操作将 D:\User\Help 文件夹下的所有文件移动到 D:\User\Data 文件夹下。

用鼠标操作打开 D:\User\Help 文件夹，选择"编辑/全部选定"命令，选中所有的文件，然后选择"编辑/剪切"命令，将鼠标指针指向要移动到的目标上，再选择"编辑/粘贴"命令。

7. 删除文件或文件夹。

选择要删除的目标文件或文件夹，选择

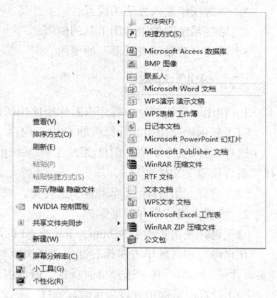

图 1-9 "新建"快捷菜单

"文件/删除"命令；或者在要删除的目标上单击鼠标右键，从弹出的快捷菜单中选择"删除"命令。

8. 搜索文件或文件夹。

（1）查找 C 盘上扩展名为.txt 的文件或文件夹。

单击"开始"按钮，在"搜索程序和文件"中，键入想要查找的文件或文件夹名，如果有多个文件或文件夹名，中间用空格分隔。

（2）查找主文件名内含有 letter 的文件或文件夹。

用"*letter*.*"构成要查找的文件和文件夹名。请比较采用"*letter.*"和"letter*.*"的搜索结果有什么不同。

（3）查找 C 盘上扩展名为.txt、修改时间介于 2008-1-5 至 20013-1-5 之间的文件。

要指定附加的查找条件，可单击"指定日期"单选钮，然后输入修改日期的范围，单击"搜索"按钮。

（4）查找 C 盘上第 3 个字母为 R，扩展名为.bmp 的文件，并以"bmp 文件.fnd"为文件名将搜索条件保存在桌面上。

用"??R*.bmp"构成要查找的文件和文件夹名。当搜索完成时，选择"文件/保存搜索"命令，打开"保存搜索"对话框，指定保存位置和名称即可保存搜索条件，以便于下次使用。

实验 5　环境设置与系统维护

一、实验目的

1. 掌握 Windows 7 控制面板的使用。
2. 掌握设置桌面背景和屏幕保护的方法。

3. 掌握汉字输入方法的设置。

4. 掌握系统附件中常用工具的使用。

5. 掌握"剪贴簿查看器"的使用。

二、实验内容

1. 使用"系统信息"程序查看你所使用的计算机。

（1）显示你所使用的计算机的 CPU、内存、操作系统、所在文件夹等系统摘要信息。

选择"开始/所有程序/附件/系统工具/系统信息"命令，打开"系统信息"应用程序窗口，选择"系统摘要"文件夹。

（2）选择"组件/存储/驱动器"文件夹，查看所使用的计算机的硬盘信息。

2. 设置桌面背景和屏幕保护。

（1）选择一幅扩展名为.bmp、.jpg 或.gif 的图画文件作为桌面的背景。

在桌面空白区域单击鼠标右键，选择快捷菜单中的"个性化"命令，在弹出的对话框中选择"桌面背景"标签。在"选择桌面背景"窗口内选定作为桌面背景的图片文件。

（2）设置屏幕保护并设置延时。选择"更改图片时间间隔"为 10 分钟，使背景像幻灯片一样播放。

3. 更改屏幕分辨率。

在"控制面板"中打开"显示"标签，设置"屏幕分辨率"，拖动滑块进行设置。

4. 设置最少电源管理。

在"控制面板"中选择"电源选项"，在电源选项计划中设置电源使用方案为"节能"，如果计算机置于等待状态 5 分钟以上，自动关闭显示器，硬盘关闭延迟时间为 15 分钟。

5. 使用"磁盘碎片整理程序"整理磁盘。

"磁盘碎片整理程序"用于重新安排计算机硬盘上的文件、程序以及未使用的空间，以便程序运行得更快。

选择"开始/所有程序/附件/系统工具/磁盘碎片整理程序"命令即可。

6. 设置汉字输入法，要求提供"智能 ABC 输入法"、"全拼输入法"和"英语"3 种方法。

打开"控制面板"中的"区域和语言"对话框，选择"键盘和语言"选项卡，单击"安装和卸载语言"按钮可以安装新的输入法和卸载语言。

7. 使用"画图"程序。

选择"开始/所有程序/附件/画图"命令，即可打开"画图"程序窗口。使用窗口上面的工具绘制两幅画，保存在 D:\User\Pictures 文件夹下，分别保存为名为 picture1.bmp 和 picture2.jpg 的文件。比较这两个文件的大小。

在绘制图画时，注意"画图"程序工具箱内各个按钮的作用，学会图片的裁剪、清除、移动等。有关使用"画图"程序的信息，可单击"画图"中的"帮助"菜单。

8. 使用"记事本"程序。

选择"开始/所有程序/附件/记事本"命令，打开"记事本"程序窗口，选择一种汉字输入法，在"记事本"程序窗口内输入一段文字，练习完毕关闭"记事本"窗口，保存文本文档文件到"D:\User\我的公文包"文件夹下。

输入以下内容：

什么是新闻组？

  新闻组是个人向新闻服务器所张贴邮件的集合，一台计算机上可建立数千个新闻组。您几乎可以找到任何主题的新闻组。虽然某些新闻组是受到监控的，但大多数不是。对于受监控的新闻组，其"拥有者"可以检查张贴的邮件、提出问题，或删除不适当的邮件。

  任何人都可以向新闻组张贴邮件，新闻组不需要审查成员资格或收取加入费用。

9. "计算器"的使用。

  计算器可以帮助用户完成数据的运算，它可分为两种类型。用"标准型"可以完成日常工作中简单的算术运算；"科学型"可以完成较为复杂的科学运算，比如函数运算等，运算的结果不能直接保存，而是被存储在内存中，以供粘贴到别的应用程序和其他文档中，它的使用方法与日常生活中所使用的计算器的方法一样，可以通过鼠标单击计算器上的按钮来取值，也可以通过从键盘上输入来操作。

  选择"开始/所有程序/附件/计算器"命令，即可打开"计算器"程序窗口。如图 1-10 所示。

图 1-10   "计算器"程序窗口

操作测试题

学号：_____ 姓 名：_____ 成 绩：_____

班级：_____ 课程号：_____ 任课教师：_____

题号	测试题1	测试题2	测试题3	测试题4	测试题5	合计
得分						

综合作业要求：

（1）以你的学号和姓名为名建立一个新文件夹，下列所有操作内容都复制或保存在你自己建立的文件夹下；

（2）在 Windows 7 环境下，按题目要求，在规定时间内完成作业；

（3）整个作业压缩打包上交 RAR 文件，文件的大小一般不要超过 20MB。

测 试 题 1

（说明：所有的操作都在 D:\练习\win\win1 文件夹下完成。）

1. 在"win1"文件夹下建立"win_1"和"win_2"两个子文件夹，如图 1-11 所示。

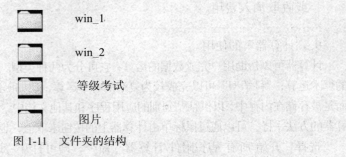

win_1

win_2

等级考试

图片

图 1-11 文件夹的结构

2. 用"写字板"程序，在"win_1"文件夹里建立一个文本文档文件，输入以下内容，要求在 10 分钟内完成，并以 Myhelp.txt 为文件名保存。

> 在 Windows 中工作时，可以利用快捷键代替鼠标操作，如利用快捷键打开、关闭和导航"开始"菜单、桌面、菜单、对话框以及网页。使用键盘还可以让您更简单地与计算机交互。
>
> 在 Windows 的开始菜单，选择"设置/控制面板/鼠标"命令，打开"鼠标 属性"对话框，在"指针选项"选项卡中勾选"自动将指针移动到对话框中的默认按钮"即可当你打开一个对话框时鼠标指针会自动跳转（在程序设计中就是 Default Button 属性或设置 Tab Index 为 0 即可）。

3. 使用"画图"程序将"我的电脑"窗口图形，保存在"win_2"文件夹中，命名为 Mycomputer.jpg 格式文件。

4. 在"等级考试"文件夹下创建一个名为"图片备份"的文件夹。将"图片"文件夹下扩展名为.jpg 的图片文件移动到"图片备份"文件夹下。

5. 将"等级考试"文件夹中的所有非文本文档文件复制到"win_2"文件夹中。

测 试 题 2

（说明：所有的操作都在 D:\练习\win\win2 文件夹下完成。）

1. 将"文字"文件夹更名为"WPS 文字"，并将其属性设为"隐藏"。

2. 在计算机中搜索扩展名为.gif 的文件，并复制 3 个到"gif"文件夹下。

3. 删除"我的数据"文件夹下扩展名为.ini 的所有文件。

4. 将"我的数据"文件夹中所有的电子表格文件移到"excel"文件夹中。

5. 在"win2"文件夹中建立 excel 文件夹的快捷方式。

6. 将"我的数据"文件夹下的"abc1.ppt"文件设置为只读文件。

测 试 题 3

（说明：所有的操作都在 D:\练习\win\win3 文件夹下完成。）

1. 在"win3"文件夹下分别以 WPS 文字、WPS 表格、WPS 演示为名建立 3 个子文件夹。

2. 将"数据"文件夹下的 3 类文件分别移到上述的 3 个文件夹中。

3. 将"文件"文件夹下以 w 开头的文件复制到"分类"文件夹中。

4. 删除"文件"文件夹下第 3 个字母为 u 的所有文本文件。

5. 在计算机中搜索扩展名为.jpg，大小小于 3KB，且 2010 年 1 月后建立的文件，并复制 3 个到"素材"文件夹下。

第2章

"Word 文字处理软件" 实验

实验 1   Word 文档的基本操作

一、实验目的

1. 掌握 Word 文档的建立和保存。
2. 掌握文档的基本编辑操作。
3. 掌握文档编辑中的快速编辑：文本查找、替换与校对。
4. 掌握文档的不同视图显示方式。

二、实验内容

1. Word 2010 的启动。

选择"开始/所有程序/Microsoft Office/Microsoft Office Word 2010"命令或双击桌面上 Word 2010 快捷图标，即可进入 Word 2010 应用程序窗口。

2. 文档的建立、保存及打开。

（1）选择"文件/新建"命令，新建一个 Word 文档文件。输入图 2-1 所示的内容，并以 Word.doc 为文件名保存在 D 盘或指定的文件夹中，然后关闭该文档。

（2）选择"文件/打开"命令，打开上面以 Word.doc 为文件名保存的 Word 文档文件，并将其另存为 Word1.doc 文件。

3. 文档的基本编辑操作。

文档的基本编辑操作包括内容选定、删除、修改、插入、复制、移动等。

（1）将最后两段互换位置（两个回车符之间为一段）。

提示　　选定最后一段，用"剪切"命令放入剪贴板，然后把光标定位在上一段之前，选择"粘贴"命令即可。

（2）将正文的第 1 段复制到文档的末尾。

提示　　选定第 1 段内容，用"复制"命令放入剪贴板，然后把光标定位在文档末尾，选择"粘贴"命令即可。

（3）在文本的最前面插入一行标题，标题为"加强文化素质教育"。

加强文化素质教育，是一种新的教育思想和观念的体现，不是一种教育模式或分类。因此，各高等学校要确立知识、能力、素质协调发展，共同提高的人才观，明确加强文化素质教育是高质量人才培养的重要组成部分，必须将文化素质教育贯穿于大学教育的全过程，进而实现教育的整体优化，最终达到教书育人、管理育人、服务育人、环境育人的目的。根据试点高校的经验，加强文化素质教育有以下几种途径与方式。

专业课程和实践课程中蕴涵着丰富的人文精神和科学精神，教师在讲授专业课时，要自觉地将人文精神和科学精神的培养贯穿于专业教育始终，充分挖掘和发挥专业课对人才文化素质的潜移默化作用，真正做到教书育人。同时，也要把文化素质教育的有关内容渗透到专业课程教学中去，使学生在学好专业课的同时，也提高自身的文化素质。

第一课堂和第二课堂相结合，是提高大学生文化素质的重要途径。第一课堂主要是开好文化素质教育的必修课和选修课，对理、工、农、医科学生重点开设文学、历史、哲学、艺术等人文社会科学课程；对文科学生适当开设自然科学课程。所开课程要在传授知识的基础上，更加注重大学生人文素质和科学素质的养成和提高。第二课堂主要是组织开展专题讲座、名著导读、名曲名画欣赏、影视评论、文艺汇演、课外阅读、体育活动等丰富多彩的文化活动，以丰富学生的课余文化生活，陶冶情操，提高文化修养。

图 2-1　新建的 Word 文档

 将插入点移到文章第 1 段第 1 个字符前，然后输入"加强文化素质教育"并按 Enter 键。

（4）给正文的第 2 段、第 3 段和第 4 段分别插入小标题"第一课堂和第二课堂相结合"、"专业课程和实践课程"和"加强文化素质教育"。

4. 文档编辑中的快速编辑：文本的查找、替换与校对。

（1）将文本中所有的"学生"替换成英文单词"students"。

（2）将所有的英文单词更改为红色并加着重号。

（3）将所有英文单词"students"首字母改成大写，其余字母小写。

（可以合成一起完成，下面是分步完成的步骤。）

① 在"查找和替换"对话框中，先将插入点定位在"查找内容"文本框中，输入"学生"，然后把插入点定位在"替换为"文本框中，输入"students"，单击"全部替换"按钮。

 ② 将所有英文字母改为红色并加着重号。在"查找和替换"对话框中，先将插入点定位在"查找内容"文本框中，输入"students"，然后将插入点定位在"替换为"文本框中，输入"students"，单击"高级"按钮，再单击"格式"按钮，然后选择"字体"命令，在其对话框中进行格式设置。

③ 将"英文单词改为首字母大写"。选定要更改的文本，然后选择"格式/更改大小写"命令，在对话框中单击"词首字母大写"单选按钮即可。

5. 文档的拼写检查。

利用拼写检查功能检查所输入的英文单词有否拼写错误，如果存在拼写错误请将其改正。

6. 分别以"页面、大纲、阅读、打印浏览"等不同的显示方式显示文档，观察各自显示的特点。

7. 将文档以原名 Word1.doc 保存到 D 盘指定的文件夹中。

三、"文档排版"样张

文档排版样张如图 2-2 所示。

加强文化素质教育

加强文化素质教育，是一种新的教育思想和观念的体现，不是一种教育模式或分类。因此，各高等学校要确立知识、能力、素质协调发展，共同提高的人才观，明确加强文化素质教育是高质量人才培养的重要组成部分，必须将文化素质教育贯穿于大学教育的全过程，进而实现教育的整体优化，最终达到教书育人、管理育人、服务育人、环境育人的目的。根据试点高校的经验，加强文化素质教育有以下几种途径与方式。

第一课堂和第二课堂相结合

第一课堂和第二课堂相结合，是提高大 Students 文化素质的重要途径。第一课堂主要是开好文化素质教育的必修课和选修课，对理、工、农、医科 Students 重点开设文学、历史、哲学、艺术等人文社会科学课程；对文科 Students 适当开设自然科学课程。所开课程要在传授知识的基础上，更加注重大 Students 人文素质和科学素质的养成和提高。第二课堂主要是组织开展专题讲座、名著导读、名曲名画欣赏、影视评论、文艺汇演、课外阅读、体育活动等丰富多彩的文化活动，以丰富 Students 的课余文化生活，陶冶情操，提高文化修养。

专业课程和实践课程

专业课程和实践课程中蕴涵着丰富的人文精神和科学精神，教师在讲授专业课时，要自觉地将人文精神和科学精神的培养贯穿于专业教育始终，充分挖掘和发挥专业课对人才文化素质养成的潜移默化作用，真正做到教书育人。同时，也要把文化素质教育的有关内容渗透到专业课程教学中去，使 Students 在学好专业课的同时，也提高自身的文化素质。

加强文化素质教育

加强文化素质教育，是一种新的教育思想和观念的体现，不是一种教育模式或分类。因此，各高等学校要确立知识、能力、素质协调发展，共同提高的人才观，明确加强文化素质教育是高质量人才培养的重要组成部分，必须将文化素质教育贯穿于大学教育的全过程，进而实现教育的整体优化，最终达到教书育人、管理育人、服务育人、环境育人的目的。根据试点高校的经验，加强文化素质教育有以下几种途径与方式。

图 2-2　Word1 文档排版样张

实验 2 文档的排版

一、实验目的

1. 掌握字符、段落的格式化。
2. 掌握项目符号、编号的使用。
3. 掌握首字下沉、中文版式及边框底纹设置。
4. 掌握分栏操作和样式的使用。

二、实验内容

打开保存在 D 盘指定文件夹中的 Word1.doc 文档文件，完成以下的基本排版操作，然后另存为 Word2.doc 文件。文档排版样张如图 2-3 所示。

1. 将标题 "加强文化素质教育" 设置为 "标题 1" 样式，居中对齐、黑体。

　　　　"标题 1" 样式可在 "开始" 功能区的 "样式" 分组中获得。

2. 将各个段落小标题居中对齐，设置如样张所示。
第 2 段标题：华文彩云、四号字。
第 3 段标题：华文隶书、四号字。
3. 设置所有正文首行缩进两个汉字、华文行楷、五号字，所有英文字体为 Arial Black。

　　　　① 设置正文时，可先设置第 1 段的格式，然后利用 "格式刷" 设置其余段落。
　　　　② 要将英文字体设置为 Arial Black，只要选中所有的内容，在 "开始" 功能区 "字体" 分组中选择所需的字体，这时仅作用于英文。

4. 将第 1 段设置为如样张所示的格式。其中的格式设置包括：字体、字形、字号、行间距、繁体字、边框和底纹以及首字下沉等。

　　　　利用 "审阅" 功能区 "中文简繁转换" 分组中的工具进行相应的转换。

5. 在第 1 段后插入如样张所示的 4 个标题，进行适当的格式设置，并加上项目符号。

　　　　选中 4 个标题，打开 "开始" 功能区 "段落" 分组中的 "项目符号" 或 "编号" 下三角按钮，选择一种项目符号进行设置。

6. 设置第 2 段内容字体颜色为红色，并分成相等的 3 栏，如样张所示。

　　　　选择 "页面布局" 功能区 "页面设置" 分组中的 "分栏" 按钮，进行分栏设置。

7. 给第 3 段标题加上拼音标注；将该段首的"专业课程"这几个字格式设置为带圈字符，并选择"增大圈号"；将该段最后一句加上 25% 的红色底纹。

提示　　　利用"开始"功能区"字体"分组中对应的命令可对选中的中文加拼音标注、对文字加圈等。

三、"文档排版"样张

文档排版样张如图 2-3 所示。

加强文化素质教育

加强文化素质教育，是一种新的教育思想和观念的体现，不是一种教育模式或分类。因此，各高等学校要确立知识、能力、素质协调发展，共同提高的人才观，明确加强文化素质教育是高质量人才培养的重要组成部分，必须将文化素质教育贯穿于大学教育的全过程，进而实现教育的整体优化，最终达到教书育人、管理育人、服务育人、环境育人的目的。根据试点高校的经验，加强文化素质教育有以下几种途径与方式：

- 第一课堂和第二课堂相结合
- 将文化素质教育贯穿于专业教育始终
- 开展各种形式的社会实践活动
- 加强校园人文环境建设

第一课堂和第二课堂相结合

第一课堂和第二课堂相结合，是提高大 Students 文化素质的重要途径。第一课堂主要是开好文化素质教育的必修课和选修课，对理、工、农、医科 Students 重点开设文学、历史、哲学、艺术等人文社会科学课程；对文科 Students 适当开设自然科学课程。所开课程要在传授知识的基础上，更加注重大 Students 人文素质和科学素质的养成和提高。第二课堂主要是组织开展专题讲座、名著导读、名曲名画欣赏、影视评论、文艺汇演、课外阅读、体育活动等丰富多彩的文化活动，以丰富 Students 的课余文化生活，陶冶情操，提高文化修养。

zhuān yè kè chéng hé shí jiàn kè chéng
专 业 课 程 和 实 践 课 程

⑰业 △课 ⓐ程和实践课程中蕴涵着丰富的人文精神和科学精神，教师在讲授专业课时，要自觉地将人文精神和科学精神的培养贯穿于专业教育始终，充分挖掘和发挥专业课对人才文化素质养成的潜移默化作用，真正做到教书育人。同时，也要把文化素质教育的有关内容渗透到专业课程教学中去，使 Students 在学好专业课的同时，也提高自身的文化素质。

图 2-3　Word2 文档排版样张

实验 3　图文混合排版

一、实验目的

1. 掌握插入图片、图片编辑和格式化操作。
2. 掌握图形的绘制和修饰。
3. 掌握文本框、图文框的使用。
4. 掌握艺术字的使用。
5. 掌握公式编辑器的使用。

二、实验内容

打开保存在 D 盘指定的文件夹中的 Word1.doc 文件，完成下列操作，然后以 Word3.doc 为文件名保存。文档排版样张如图 2-4 所示。

1. 将标题"加强文化素质教育"设置为艺术字，字体为华文行楷、36 磅、加阴影。式样如样张所示。

　　　在 Word 2010 中设置艺术字，要先选中文字，在"插入"功能区"文本"分组中选择艺术字类型。

2. 在第 1 段正文中插入如图 2-4 所示的图片，设置图片的高度为 2.5 厘米、宽度为 2.5 厘米，环绕方式为紧密型。

　　　选择"插入"功能区"插图"分组中的"剪贴画"按钮，在 Word 2010 中插入的图片是嵌入图。设置环绕方式，要先选定图片，然后选择"格式"功能区"排列"分组中"位置"按钮。

3. 在正文的第 2 段插入一个文本框，在其中输入文字并在文字的下面插入一幅风景图，环绕方式为四周型。

　　　图片与文字在一起，通过插入文本框来实现。将光标定位在文本框中，再插入图片。图片来自剪贴画。

4. 在正文后插入一个竖排文本框，剪切文章最后一段文字放入文本框中，文本框加黄色背景、红色边框（0.75 磅）并加阴影。

5. 在正文后利用"插入"功能区中的"形状"按钮，绘制如图 2-4 所示的流程图，并将其组合。

　　　流程图中"处理"后不正确的结果显示"哭脸"，是通过插入绘图工具中"基本形状"中的"笑脸"，然后选中该图嘴巴上的黄色棱块，往下拖动，即改为"哭脸"。要将流程图组合，只要选中所有的自选图形，在快捷菜单中选择"组合"命令。

6. 页面设置：16 开纸张大小、纵向，上、下边距 1.6 厘米，左、右边距为 2.0 厘米。插入页眉："文字处理系统"实验、测试；在页脚区插入页码。

    7. 在文末插入数学公式。

提示　　选择"插入"功能区"符号"分组中的"公式"下拉三角按钮进行编辑。

三、"页面排版"样张

页面排版的样张如图 2-4 所示。

加强文化素质教育，是一种新的教育思想和观念的体现，不是一种教育模式或分类。因此，各高等学校要确立知识、能力、素质协调发展，共同提高的人才观，明确加强文化素质教育是高质量人才培养的重要组成部分，必须将文化素质教育贯穿于大学教育的全过程，进而实现教育的整体优化，最终达到教书育人、管理育人、服务育人、环境育人的目的。根据试点高校的经验，加强文化素质教育有以下几种途径与方式。

第一课堂和第二课堂相结合

    第一课堂和第二课堂相结合，是提高大 Students 文化素质的重要途径。第一课堂主要是开好文化素质教育的必修课和选修课，对理、工、农、医科 Students 重点开设文学、历史、哲学、艺术等人文社会科学课程；对文科 Students 适当开设自然科学课程。所开课程要在传授知识的基础上，更加注重大 Students 人文素质和科学素质的养成和提高。第二课堂主要是组织开展专题讲座、名著导读、名曲名画欣赏、影视评论、文艺汇演、课外阅读、体育活动等丰富多彩的文化活动，以丰富 Students 的课余文化生活，陶冶情操，提高文化修养。

将文化素质教育贯穿于专业教育始终

专业课程和实践课程

化素质。专业课的同时，也提高自身的文 Students 在学好教学中去，同时渗透到专业课程教育的有关内容用，真正做到教书育人。同时也要把文化素质的潜移默化作才发挥专业课对人穿于专业教育始终，充分挖掘和学精神的培养贯将人文精神和科课时，要自觉地教师和科学精神，神和科学精神，在讲授专业着丰富的人文精实践课程中蕴涵专业课程和

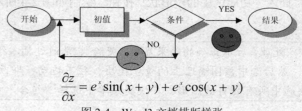

$$\frac{\partial z}{\partial x} = e^x \sin(x+y) + e^x \cos(x+y)$$

图 2-4　Word3 文档排版样张

实验 4 表格制作和生成图表

一、实验目的

1. 掌握创建表格的方法。
2. 掌握表格的编辑以及格式化。
3. 掌握表格排序和统计计算。
4. 掌握由表格生成图表的方法。

二、实验内容

建立表格 Word4.doc 文件，并完成如表 2-1 所示表格的编辑、格式化和公式计算的基本操作，然后保存文件。

1. 建立如表 2-1 所示的表格，并以 Word4.doc 为文件名保存在 D 盘或 A 盘指定的文件夹中。

 选择"插入"功能区"表格"分组中的"表格"按钮。表格的列标题"课程、姓名"是通过在两行中分别输入各自内容后再进行右、左对齐来实现的。

表 2-1　　　　　　　　　　　　　　学生成绩表

姓名　　　　课程	高 等 数 学	古 汉 语	计 算 机
王　飞	98	81	85
李云江	68	79	67
张一鸣	87	68	65
刘　云	82	80	76
李　青	76	90	98

2. 在"高等数学"和"古汉语"之间插入一列，课程名为"大学英语"，各学生成绩依次为"88、79、68、77、65"。删除学生"张一鸣"所在行。

3. 按每个学生的计算机成绩从高到低排序，然后将整个表格居中。

 将整个表格居中，首先将插入点放在表格中，选择"表格工具-布局"功能区"数据"分组的"排序"按钮。

4. 将表格第 1 行的行高设置为 1.2 厘米、行距为最小值，该行文字为宋体、加粗、五号字。其余各行的行高设置为 0.7 厘米、行距为最小值。表格内容（除表头外）垂直、水平对齐方式均为居中。

 表格内容对齐方式的设置可通过单击鼠标右键，从快捷菜单中选择"单元格对齐方式"命令来实现。

5. 将表格的外框线设置为3磅的粗线，内框线设置为1磅。按图2-5所示的样张将部分线条设置为双线。

6. 在表格下面插入当前日期，格式为加粗、倾斜。

7. 根据表格中前3位同学的各科成绩，在表格的下面生成直方图，如图2-6所示。

 选中表标题、3个学生的姓名和各科课程成绩，然后选择"插入"功能区"插图"分组中的"图表"按钮，出现"数据表"窗口和建立的图表。

8. 在表格的最后增加一行，行标题为"各科平均"，并计算各科的平均分、保留2位小数。在"计算机"的右边插入一列，列标题为"总分"，并计算每个学生的总分。

 选择"表格工具-布局"功能区中的 f_x 公式按钮，分别选择 AVERAGE 和 SUM 粘贴函数。

三、"表格制作"样张

表格制作样张如图2-5和图2-6所示。

课程 姓名	高等数学	大学英语	古汉语	计算机	总分
李　青	76	65	90	98	329
王　飞	98	88	81	85	352
刘　云	82	77	80	76	315
李云江	68	79	79	67	293
各科平均	81.00	77.25	82.50	81.50	

2008年4月15日 星期二

图2-5　Word4 表格样张

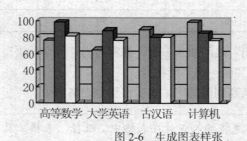

图2-6　生成图表样张

实验5　页面设置及打印

一、实验目的

1. 掌握页面设置。

2. 掌握页眉、页脚、页码、分隔符的设置。

3. 掌握打印预览的使用。

二、实验内容

打开保存在 D 盘指定的文件夹中的 Word1.doc 文档文件，完成下列基本操作，然后以 Word1-5 为文件名保存。

1. 打印"页面设置"。

选择"页面布局"功能区"页面设置"分组按钮，打开"页面设置"对话框，如图 2-7 所示，设置页面纸张大小为 B5，页面左、右边距为 2.5 厘米，上、下边距为 3 厘米。

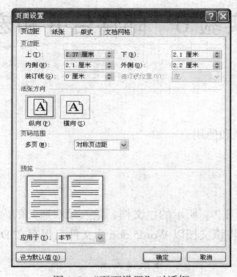

图 2-7 "页面设置"对话框

2. 插入页码、分隔符。

选择"插入"功能区"页眉和页脚"分组的"页码"按钮，打开"页码"对话框，设置文档页码居中、首页显示页码。如图 2-8 所示。

选择"插入"功能区"页"分组中的"分页"按钮，在当前文档的第一段文字、第二段文字后面分别插入分页符，使得文档变成 3 页。

图 2-8 "页码"对话框

3. 设置页眉和页脚。

设置页眉和页脚奇偶页不同效果，在奇数页眉输入你本人姓名，在偶数页眉输入你本人学号，格式要求为楷体、五号字、居中对齐；在全部页脚设置页码，右对齐，页码格式为第 x 页 共 y 页。

 在"插入"功能区"页眉页脚"分组中单击"页眉"按钮，选择"编辑页眉"命令，在页眉页脚工具"设计"功能区中勾选"齐偶页不同"复选框，再进行设置。

4. 打印预览。

单击标题栏上的 打印预览按钮，在预览状态选择 75%的比例查看文档。

实验 6　邮件合并和宏

一、实验目的

1. 掌握邮件合并操作。
2. 掌握宏的创建、录制和使用。

二、实验内容

1. 邮件合并。

（1）建立主文档。建立图 2-9 所示的主文档，输入录取通知的内容，在录取内容后插入"通信"类的剪贴画作为水印。将该文档以 Word5.doc 为文件名保存在 D 盘或指定的文件夹中。

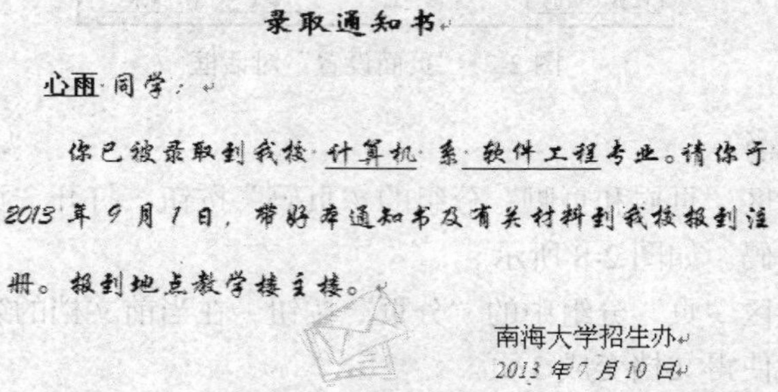

录取通知书

心雨 同学：

你已被录取到我校 计算机 系 软件工程专业。请你于

2013 年 9 月 1 日，带好本通知书及有关材料到我校报到注

册。报到地点教学楼主楼。

南海大学招生办
2013 年 7 月 10 日

图 2-9　样张

（2）创建数据源。新建文档，输入表 2-2 所示的新生信息表为数据源，并以 Word51.doc 为文件名保存在当前文件夹中，然后关闭该文件。

表 2-2　　　　　　　　　　　　　　　　新生信息表

编　号	姓　名	录取分数	系	专　业
10027	心雨	589	计算机	软件工程
10028	王飞	597	生物系	分子生物学
10029	李星	601	外语	英语
10030	张一鸣	580	外语	法语

（3）邮件合并操作步骤。在主文档 Word5.doc 中，选择“邮件”功能区的“开始邮件合并”按钮，选择“邮件合并分步向导”命令，在打开的“邮件合并”窗格中，完成如下步骤：

① 文档类型选择“信函”；

② 选择“使用当前文档”；

③ 选择“浏览”命令，找到需要合并的表格文件，此时选择 Word51.doc 文档作为数据源；

④ 选择“撰写信函”；

⑤ 单击“其它选项”，如图 2-10 所示，在弹出的对话框中，分别在图 2-11 所示的相应位置插入字段“姓名”“系”“专业”；

⑥ 单击预览，完成邮件合并。

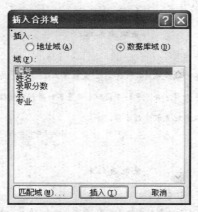

图 2-10 “插入合并域”对话框

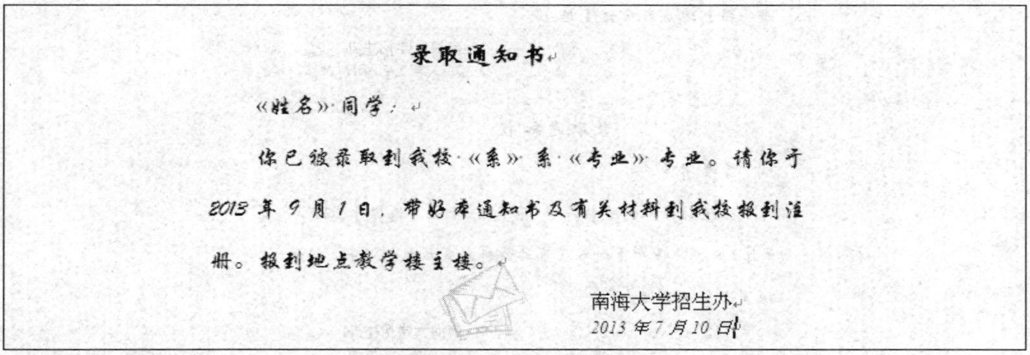

录取通知书

«姓名»同学：

你已被录取到我校«系»系«专业»专业。请你于2013年9月1日，带好本通知书及有关材料到我校报到注册。报到地点教学楼主楼。

南海大学招生办

2013年7月10日

图 2-11 主文档文件

2. 宏的使用。

在文档输入时经常需要一幅图，且其大小也要求固定。为了提高插入图形文件的速度，可建立一个打开固定图形文件的宏，并将插入的图形缩小到原来的 30%。建立的宏名为“图形”，以按钮的形式放在“常用”工具栏上，按钮图标和文字内容可自己确定。单击 3 次该按钮，插入 3 幅相同的图形，如图 2-12 所示。

图 2-12 宏的样张

提示

　　① 选择"视图"功能区中的"宏"按钮，单击"录制宏"命令，在"宏名"文本框中输入宏名"图形"，单击"工具"按钮，在选项卡中，将"图形"宏名移动到右方"常用"工具栏。

　　② 指向"常用"工具栏对应的宏按钮，在"命名"文本框可更改按钮上显示的文字，单击鼠标右键，选择快捷菜单中的"更改按钮图标"命令可选择按钮的图标。

　　③ 录制宏。根据要求录制宏，按该宏的操作步骤进行录制。录制结束，单击"宏"按钮的下拉三角按钮，选择"停止录制"按钮。

三、"邮件合并"样张

邮件合并样张如图 2-13 所示。

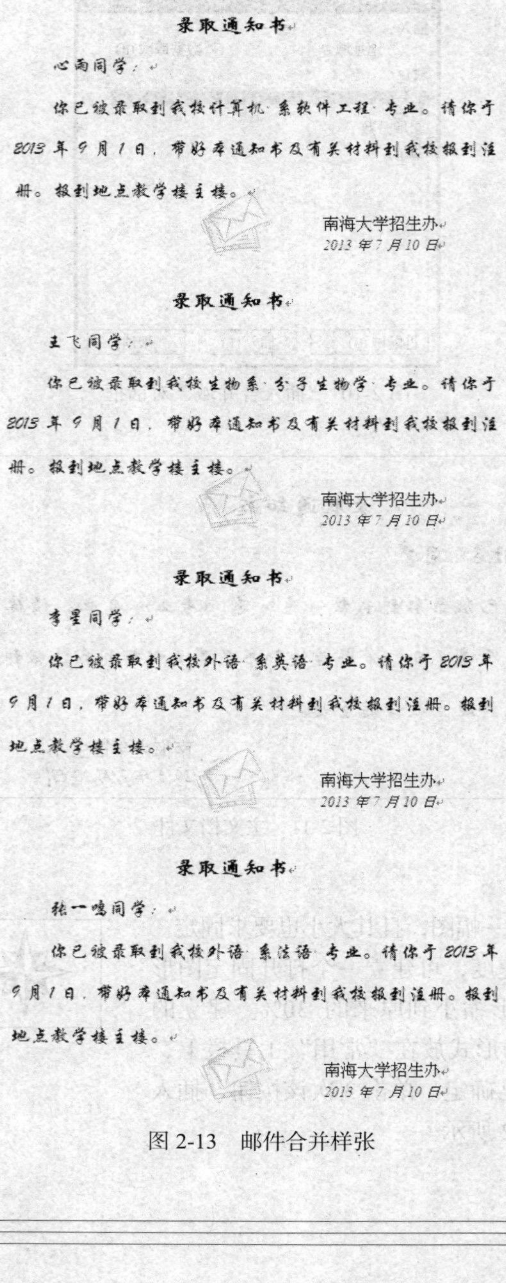

录取通知书

心雨同学：

你已被录取到我校计算机 系软件工程 专业。请你于 2013 年 9 月 1 日，带好本通知书及有关材料到我校报到注册。报到地点教学楼主楼。

南海大学招生办
2013 年 7 月 10 日

录取通知书

王飞同学：

你已被录取到我校生物系 分子生物学 专业。请你于 2013 年 9 月 1 日，带好本通知书及有关材料到我校报到注册。报到地点教学楼主楼。

南海大学招生办
2013 年 7 月 10 日

录取通知书

李星同学：

你已被录取到我校外语 系英语 专业。请你于 2013 年 9 月 1 日，带好本通知书及有关材料到我校报到注册。报到地点教学楼主楼。

南海大学招生办
2013 年 7 月 10 日

录取通知书

张一鸣同学：

你已被录取到我校外语 系法语 专业。请你于 2013 年 9 月 1 日，带好本通知书及有关材料到我校报到注册。报到地点教学楼主楼。

南海大学招生办
2013 年 7 月 10 日

图 2-13　邮件合并样张

操作测试题

学号：_____ 姓　名：_____ 成　绩：_____

班级：_____ 课程号：_____ 任课教师：_____

题号	测试题1	测试题2	测试题3	测试题4	测试题5	合计
得分						

综合作业要求：

（1）以你的学号和姓名为名建立一个新文件夹，下列所有操作内容都复制或保存在你自己建立的文件夹下。

（2）在 Word 2010 环境下，按题目要求，在规定时间内完成作业。

（3）整个作业压缩打包上交 RAR 文件，文件的大小一般不要超过 20MB。

测 试 题 1

打开 D:\练习\word\w_test1.doc 文件，按要求完成如下操作。资源文件在 D:\练习\word\source 文件夹中查找。完成操作后以 word1.doc 文件名保存在同文件夹中。

1. 在文档中的红色方框中输入如下内容。

> 　　瑞典随即制造威胁，H.拉尔森右肋直塞禁区，埃尔曼德没有横传中路跟进的永贝里，自己小角度抽射击中边网。第 22 分钟，伊布左路传球吊到防线身后，H.拉尔森跑动中凌空勾射打飞。

2. 把标题"欧洲杯—托雷斯伊布破门比利亚绝杀西班牙 2—1 瑞典"设为黑体、红色、小二号字，带下画线，居中对齐。正文部分：第 3 段开始每段加段落编号"一、二、三……"，文字设置为宋体、小四号字，首行缩进两个汉字，行距固定值为 22 磅。

3. 使用"查找/替换"命令将正文中所有"瑞典"字符全部设为蓝色、加粗、加下画线。

4. 将 D:\练习\word 文件夹中所给定的图片文件 picture1.jpg（见图 2-14）插入到文档中，将其设置成页面的水印格式。具体要求如下：水印效果，大小填满整个页面，置于文字下方。

图 2-14　picture1.jpg 图片

5. 在文档的第二页制作表格，如表 2-3 所示。

表2-3　　　　　　　　　　　　　　　　　课程表

时间\课程\星期		星期一	星期二	星期三	星期四	星期五
		早　读				
上午	1、2节	数学	物理	英语	计算机	化学
	3、4节	语言	体育	政治	生物	实验
下午	5、6节	数学	物理	英语	计算机	化学
	7、8节	语言	体育	政治	生物	实验
晚上						

测 试 题 2

打开 D:\练习\word\w_test2.doc 文件，按要求完成如下操作，结果样张如图 2-15 所示。资源文件在 D:\练习\word\source 文件夹中查找。完成操作后以 word2.doc 文件名保存在同文件夹中。

想象力恐怕是人类所特有的一种天赋。其他动物缺乏想象力，所以不会有创造。在人类一切创造性活动中，尤其是科学、艺术和哲学创作，想象力都占有重要的地位。因为所谓人类的创造并不是别的，而是想象力产生出来的最美妙的作品。

如果音乐作品能像一阵秋风，在你的心底激起一些诗意的幻想和一缕缕真挚的思恋精神家园的情怀，那就不仅说明这部作品是成功的，感人肺腑的，而且也说明你真的听懂了它，说明你和作曲家、演奏家在感情上发生了深深的共鸣。

音乐这门抽象的艺术，本是一个充满着诗情画意、浮想连翩的幻想王国。这个王国的大门，对于一切具有音乐想象力、多少与作曲家有着相应内在生活经历和心路历程的听众，都是敞开着的，就像秋光千里、白云蓝天对每个人都是敞开的一样。

贝多芬的田园交响乐，只对那些内心向往着大自然的景色（暴风雨、蜻蜓的小溪、鸟鸣、树林和在微风中摇曳的野草闲花……）的灵魂才是倍感亲切的。或者说，只有那些多少懂得自然界具有内在精神价值的人，才能在田园交响乐的旋律中获得慰藉和精神力量，才能用自己的想象力建造自己的精神家园。因为说到底，想象力的最大用处就是建造人的精神家园，找到安身立命的地方。

音乐的本质，实在是人的心灵借助于想象力，用曲调、节奏和和声表达自己怀乡、思归和寻找精神家园的一种文化活动。

下面是某学校音乐爱好者统计表：

制表位置

图 2-15　结果样张

1. 设置页面

纸张大小为自定义大小，宽度为 20 厘米，高度为 25 厘米；页边距中上为 2 厘米，下为 3 厘米，左、右为 3 厘米。

2. 标题和正文。

把标题“想象力与音乐”设置为艺术字，按样图适当调整艺术字形状以及大小和位置；按样图设置字体、字号和颜色。

3. 分栏和底纹。

将正文第 2 至第 3 段设置为两栏格式，加分隔线，第 2 段字首下沉 2 行，第 3 段设置虚线边框；第 4 段小标题竖排，加边框和底纹。

4. 插入图片。

按样图中的位置插入图片，并调整图片的大小。

5. 制表。

根据以下数据，在文档中指定位置制作表格。

（1）信息学院：摇滚 30 人，交响乐 50 人，轻音乐 80 人，古典民乐 60 人。

（2）外语学院：摇滚 27 人，交响乐 80 人，轻音乐 40 人，古典民乐 55 人。

（3）艺术学院：摇滚 79 人，交响乐 53 人，轻音乐 68 人，古典民乐 44 人。

测 试 题 3

打开 D:\练习\word\w_test3.doc 文件，按要求完成如下操作，结果样张如图 2-16 所示。资源文件在 D:\练习\word\source 文件夹中查找。完成操作后以 word3.doc 文件名保存在同文件夹中。

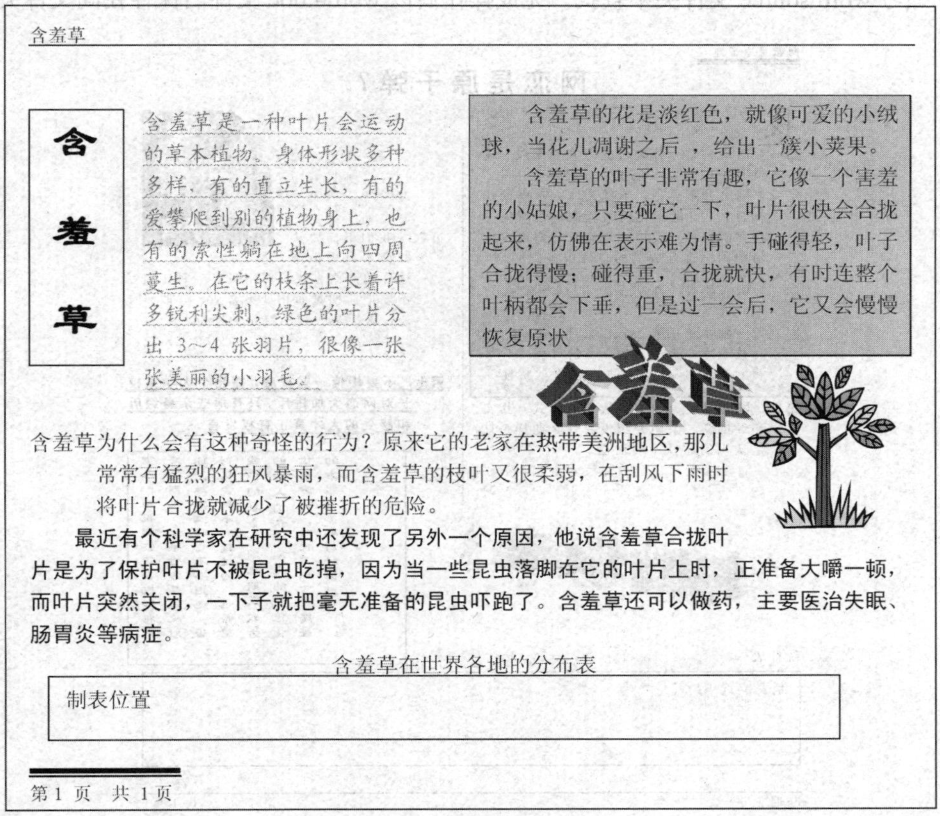

含羞草

含羞草

含羞草是一种叶片会运动的草本植物。身体形状多种多样，有的直立生长，有的爱攀爬到别的植物身上，也有的索性躺在地上向四周蔓生。在它的枝条上长着许多锐利尖刺，绿色的叶片分出 3~4 张羽片，很像一张张美丽的小羽毛。

含羞草的花是淡红色，就像可爱的小绒球，当花儿凋谢之后 ，给出一簇小荚果。

含羞草的叶子非常有趣，它像一个害羞的小姑娘，只要碰它一下，叶片很快会合拢起来，仿佛在表示难为情。手碰得轻，叶子合拢得慢；碰得重，合拢就快，有时连整个叶柄都会下垂，但是过一会后，它又会慢慢恢复原状

含羞草

含羞草为什么会有这种奇怪的行为？原来它的老家在热带美洲地区，那儿常常有猛烈的狂风暴雨，而含羞草的枝叶又很柔弱，在刮风下雨时将叶片合拢就减少了被摧折的危险。

最近有个科学家在研究中还发现了另外一个原因，他说含羞草合拢叶片是为了保护叶片不被昆虫吃掉，因为当一些昆虫落脚在它的叶片上时，正准备大嚼一顿，而叶片突然关闭，一下子就把毫无准备的昆虫吓跑了。含羞草还可以做药，主要医治失眠、肠胃炎等病症。

含羞草在世界各地的分布表

制表位置

第 1 页　共 1 页

图 2-16　结果样张

1. 页眉页脚。

按样图设置页眉页脚，字号为小五，页码和总页数不能直接输入，用插入方式完成。

2. 标题和正文。

按样图适当调整艺术字形状以及大小和位置；按样图设置字体、字形、字号和颜色。标题"含羞草"竖排、隶书、二号。

3. 分栏和底纹。

将正文第1至第2段设置为两栏格式；第2段加边框和底纹（灰度-25%）；第3段设置悬挂缩进3字符。

4. 插入图片。

按样图中的位置插入图片，并调整图片的大小。

5. 制表。

根据以下数据，在文档中指定位置制作表格。

（1）高山：亚洲较少，美洲常见，欧洲不常见，非洲较多。

（2）丘陵：亚洲较多，美洲较多，欧洲常见，非洲较少。

（3）平原：亚洲常见，美洲常见，欧洲较少，非洲不常见。

测 试 题 4

打开 D:\练习\word\w_test4.doc 文件，按要求完成如下操作，结果样张如图 2-17 示。资源文件在 D:\练习\word\source 文件夹中查找。完成操作后以 word4.doc 文件名保存在同文件夹中。

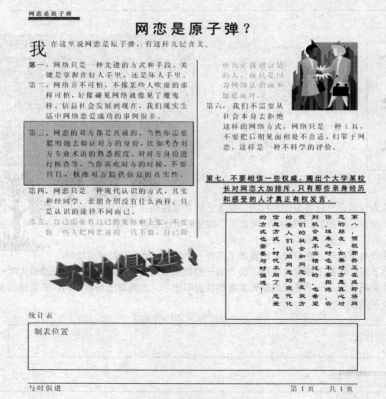

图 2-17　结果样张

1．页眉页脚。

按样图设置页眉页脚，字号为小五，页码和总页数不能直接输入，用插入操作完成。

2．标题和正文。

按样图适当调整艺术字形状以及大小和位置；按样图设置字体、字形、字号和颜色。

3．分栏和底纹。

将正文除第 1 段外设置为两栏格式，边框和底纹（灰度−20%），第 1 段设置字首下沉 2 行。

4．插入图片。

按样图中的位置插入图片，并调整图片的大小。

5．制表。

根据以下数据，在文档中指定位置制作表格。

（1）老人：新闻 80%，游戏 10%，IT 信息 50%，影视 30%。

（2）中年：新闻 70%，游戏 30%，IT 信息 80%，影视 20%。

（3）青年：新闻 30%，游戏 60%，IT 信息 40%，影视 60%。

第3章
"Excel 电子表格软件" 实验

实验1 工作表的基本操作

一、实验目的

1. 掌握 Excel 窗口组成要素及作用。
2. 掌握工作簿的建立、保存和关闭。
3. 掌握工作表中数据输入、数据自动填充及编辑操作。
4. 掌握工作表的重命名。

二、实验内容

1. 在 D 盘或指定的文件夹中新建文件 excel1.xls 工作簿，它由 "基本情况表" 和 "成绩表" 两个工作表组成。

2. 根据图 3-1 和图 3-2 中所给出的数据，在 "基本情况表" 和 "成绩表" 中分别输入数据。

三、实验过程和步骤

1. 启动 Excel 2010。

启动 Excel 2010，逐一认识和了解 Excel 窗口组成要素名称及作用。

（1）窗口组成元素包括：标题栏、功能区（数据工具）、地址栏（名称框）、编辑栏、工作区（包括全选框、行号、列标、工作表标签、工作表移动按钮）、状态栏等。

 结合 Excel 窗口组成（如列标、行号、工作表移动按钮、工作表标签等）来了解这些基本概念。

（2）掌握工作簿、工作表和单元格这 3 个重要概念之间的区别和联系。

Excel 文件一般称为 Excel 工作簿，其扩展名为.xlsx。一个工作簿由多张工作表组成，新建的工作簿默认有 3 张工作表：Sheet1、Sheet2 和 Sheet3。

Excel 工作表是一张由行和列组成的二维表，由行和列交叉形成的矩形单元叫作 "单元格"。单元格地址命名由列号和行号组成，如单元格地址 A2。

2. 工作簿文件的创建和保存。

启动 Excel 后，在多张空白工作表中完成下面的操作，并以 Excel1.xlsx 为文件名保存在 D 盘或指定的文件夹中。

3. 工作表中的数据输入及编辑。

（1）根据图 3-1 所示样张，在当前工作表 Sheet1 中，分别输入相应的数据。

图 3-1 excel1.xlsx 中"基本情况表"

学号、姓名、籍贯设置为文本型数据，出生日期设置为日期时间型数据。

（2）根据图 3-2 所示样张，在当前工作表 Sheet2 中，分别输入相应的数据。

图 3-2 excel1.xlsx 中"成绩表"

"学号"和"姓名"列不必重新输入，可以从"基本情况表"中选定这两列后复制到"成绩表"相应位置即可。另外，各门课程成绩设置为数值型数据。

在此处注意"学号"列数据的输入，一般分成两步。

第 1 步，先输入"05001"。可用以下两种方法避免直接输入后系统显示为"5001"：

① 在英文输入法状态下，先输入单引号（'）后再输入文本型数据。

② 先将数据所在单元格区域设置为"文本"格式后再输入内容。

第2步，利用"自动填充功能"完成其他数据的输入。

> 这类数据（如学号、编号、电话号码等）虽然是由阿拉伯数字组成，但它们不是数值型数据而是文本型数据。

4. 工作表的重命名。

把系统默认的工作表"Sheet1"改为"基本情况表"，"Sheet2"改为"成绩表"。

5. 退出 Excel 2010 软件。

> 要在保存以上所有操作并确保文件位置及名称无误后再退出 Excel 2010。

实验2 公式和函数的使用

一、实验目的

1. 掌握公式和函数输入方法。
2. 掌握单元格地址引用的方法。
3. 掌握公式的复制及移动等操作。

二、实验内容

1. 打开 excel1.xlsx 文件，在原文件夹中另存为 excel2.xlsx 文件，并保存以下的操作。
2. 输入"总分""平均分""总评""最高分""最低分""优秀率"等文本型数据，用公式或函数完成对应数据的计算（结果见图3-4）。

三、实验过程和步骤

1. 打开 excel1.xlsx，在原文件夹中另存为 excel2.xlsx 文件。

根据图3-4所示，输入"总分""平均分""总评""最高分"和"最低分"等文本型数据，用公式或函数完成对应数据的计算。

2. 公式和函数的输入。

（1）掌握公式、常量、单元格地址、运算符等概念。

（2）掌握公式和函数的概念和区别。

（3）掌握公式和函数的输入方法。

比较两种输入方法的异同：函数除了同公式先输入"="外，还有其他两种输入方法。

> 无论是输入公式还是函数，一般第一步都是单击显示其计算结果的单元格（简称为"选定对象"）。

3. 使用公式和函数进行计算。

总分、最高分、最低分和平均分计算分别使用 SUM()、MAX()、MIN()和 AVERAGE()函数，总评使用 IF()函数。

本例中，"总评"是由对应的"总分"来决定其等级的。

总分≥340 为"优秀"

总分≥280 为"良好"

总分≥240 为"一般"

总分<240 为"不及格"

条件判断：在公式编辑栏输入=IF(F3>=340,"优秀",IF(F3>=280,"良好",IF(f3>=240,"一般","不及格")))

（1）计算"总分"。

计算"总分"可以用以下两种方法：

公式法：=地址 1+地址 2+…+地址 n

函数法：=SUM（地址范围）

本例以求学号为"05001"同学的总分为例，则可在 G3 单元输入"=C3+D3+E4+F3"公式或"=SUM(C3:F3)"求和函数。

第一，其中单元格地址可用鼠标直接选定代替从键盘输入，以提高速度。

第二，使用"常用"工具栏上的∑按钮最快（不需先输入"="号）。

第三，可类似地使用以上两种方法求平均值（平均分）。

（2）计算"平均分""最高分"和"最低分"。

分别用 AVERAGE、MAX、MIN 函数求"平均分""最高分"和"最低分"，其操作过程类同于求"总分"。

SUM、AVERAGE、MAX、MIN、COUNT 这 5 个常用函数都可以使用以下通用格式：

函数名(地址范围)

其中连续的地址范围用冒号（:）来连接起始地址和结束地址；不连续的地址则用逗号连接（,）两个地址；空格表示交叉运算符。

在所有函数中出现的标点符号必须在英文状态下输入；函数名的字母不区别大小写，如学号为"05001"的王飞同学的平均分 H3=AVERAGE(C3:F3)。

（3）计算"总评"成绩。

IF 函数的格式：IF（条件判断，真时值，假时值）

IF 函数允许多重嵌套。使用 IF 函数的多重嵌套时需要注意 3 个主要问题：① 假定最终需要得出 n 个结果，IF 函数就有 $n-1$ 个；② 圆括号必须成对出现（$n-1$ 对）；③ 多重判断条件的输入次序必须以">最大值→>次大值→>第三大值→……"或"<最小值→<次小值→<第三小值→……"依次输入，否则会出现条件过滤，不能得出正确的结果。

本例中，学号为"05001"的王飞同学的"总评"由其"总分"来决定其等级，选定单元格 I3，在公式编辑栏中直接输入：

=IF(G3>=340,"优秀",IF(G3>=280,"良好",IF(G3>=240,"一般","不及格")))

或使用"函数参数"对话框输入，如图3-3所示。

图3-3　利用公式选项板输入IF函数

因为"Value_if_false"框内没有把IF嵌套函数的内容完全显示出来，因此以编辑栏上的内容为准。

（4）计算"优秀率"。

系统没有提供现成的函数计算"优秀率"，必须输入公式：优秀率=优秀人数/总人数。本例公式为：I9=2/COUNT(H3:H8)。

实际上，优秀人数可应用COUNTIF函数求出（此处仅作为了解，不作掌握要求）。

本例所用公式应为：I9=COUNTIF(I3:I8,"优秀")/COUNT(H3:H8)

4. 公式的复制及移动操作。

其他同学的"总分""平均分""总评""最高分"和"最低分"的数据输入可以重复上面的操作步骤，也可以通过复制公式来避免大量重复输入公式或函数。

四、"公式和函数使用"样张

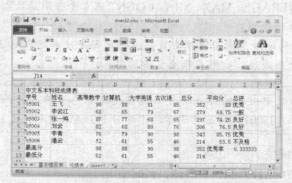

图3-4　excel2.xlsx中的"成绩表"工作表

实验3　工作表的格式化

一、实验目的

1. 掌握工作表数据的自定义格式化和自动格式化。

2. 掌握工作表的插入、删除和移动操作。

3. 掌握打印页面的设置。

二、实验内容

1. 打开 excel2.xlsx 文件，在原文件夹中另存为 excel3.xlsx 文件，并保存以下操作。

2. 对"基本情况表"和"成绩表"进行格式设置（效果见图 3-7 和图 3-8）。

3. 将"成绩表"中总评为"优秀"的学生数据，转置复制到 Sheet3 工作表中，重命名为"优秀名单"（格式见图 3-9）。

4. 完成工作表的插入、删除、重命名和移动操作。

5. 对"成绩表"进行页面设置，并打印预览。

三、实验过程和步骤

1. 启动 Excel 2010，将保存的 excel2.xlsx 文件打开，在原位置另存为 excel3.xlsx。然后进行下列操作。

2. 将"基本情况表"工作表进行如下格式化（效果见图 3-7）。

（1）标题格式：华文行楷、14 磅、加粗、合并及垂直水平居中对齐方式，行高为 40.5 厘米。

（2）"出生年月日"列的数据设置为"×年×月×日"的日期格式。

 提示　在下一步才处理列宽不足的问题（系统自动显示"##########"）。

（3）除标题以外的数据设置为宋体、12 磅，垂直水平居中对齐，内框为单边框线、外框为粗线，行高为 19.50 厘米，所有列宽为 14.5 厘米。

3. 将"成绩表"工作表进行如下格式化（效果见图 3-8）。

（1）标题格式：华文楷体、20 磅、合并及垂直水平居中对齐方式。

（2）所有行高和列宽均设置为最合适的行高和列宽。

（3）列标题加粗，水平和垂直居中，加底纹；再将表格中的其他内容垂直水平居中，平均分保留 2 位小数；设置表格边框线：外框为蓝色粗线，内框为黑色单线（部分为蓝色双线）。

（4）"优秀率"文字及其数据均为合并单元格，垂直水平居中（数值型的设为保留 2 位小数）。

（5）给优秀的学生加上隐藏批注，内容为"优秀学生"。

（6）要求用条件格式将表格中每门课的成绩大于等于 80 分得设置为红色。

 提示　选中各科成绩（如 C3:F8），选择"开始"功能区中的"条件格式"按钮，在如图 3-5 所示的"条件格式"中，选择"突出显示单元格规则"下拉菜单中的"其他规则"命令，在弹出的"新建格式规则"对话框中，选择下拉选项中的"大于等于"命令，输入条件 80 和设置格式（格式按钮），选择颜色为"红色"，单击"确定"按钮看到大于等于 80 分的成绩自动都显示为红色。

4. 选择"成绩表"中总评为"优秀"的学生数据，转置复制到 Sheet3（重命名为"优秀名单"）中 A2 单元格开始处，并采用自动套用格式中的"经典 2"格式，效果如图 3-9 所示。

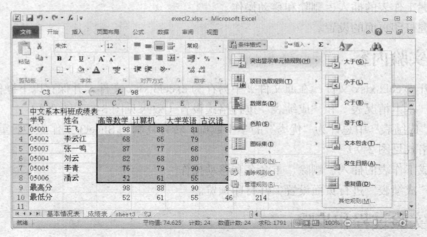

图 3-5　条件格式菜单

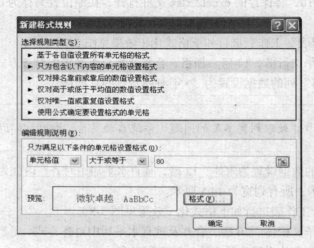

图 3-6　"新建格式规则"对话框

　　"转置"是指将表格转 90°，即行变列、列变行。实现的方法是选中要复制的表格区域进行复制，然后定位到目标区起始单元格，单击"开始"功能区中的"粘贴"按钮，在其中选择"转置"粘贴按钮即可。

　　复制"成绩表"工作表（建立副本），然后将复制的"成绩表（2）"移动到"优秀名单"工作表的后面。

　　5. 对"成绩表"工作表进行如下页面设置，并打印预览。

　　页面设置包括纸张大小、上页边距和下页边距、网格线、行号和列号等设置，页眉和页脚设置。

　　（1）纸张大小为 A4，文档打印时水平居中，上、下页边距为 3 厘米；不打印网格线，但打印工作表的行号和列号。

　　（2）设置页眉为"分类汇总表"、居中、粗斜体，设置页脚为当前日期，靠右对齐。

　　在 Excel 中，页面设置的效果要在打印预览的视图下才可见。

四、"工作表格式化"样张

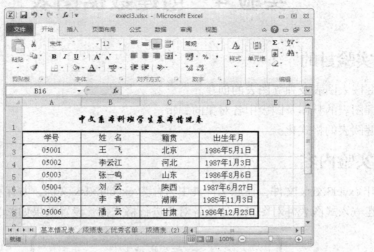

图 3-7　excel3.xlsx 中"基本情况表"工作表

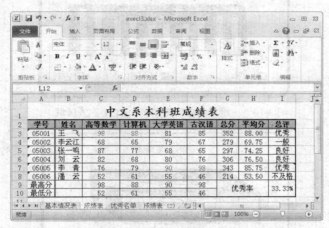

图 3-8　excel3.xlsx 中"成绩表"工作表

图 3-9　excel3.xlsx 中"优秀名单"工作表

实验 4　创建数据图表

一、实验目的

1. 掌握嵌入图表及独立图表的创建。
2. 掌握图表的整体及图表中各对象的编辑。
3. 掌握图表的格式化。

二、实验内容

1. 打开 excel3.xlsx 文件，在原文件夹中另存为 excel4.xlsx 文件，并保存以下操作。
2. 创建嵌入式图表并对图表整体及各对象进行格式化，设置效果如图 3-10 和图 3-11 所示。

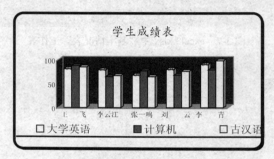

图 3-10　三维簇状柱形图图表（A12：F26 区域）

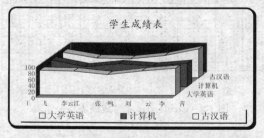

图 3-11　三维面积图图表（H12 开始的区域）

3. 创建独立图表并对图表整体及各对象进行编辑和格式化，设置效果如图 3-12 所示。

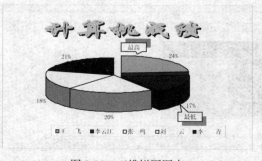

图 3-12　三维饼图图表

三、实验过程和步骤

1. 打开指定的文件夹中的 excel3.xlsx 文件，在原文件夹中另存为 excel4.xlsx 文件。

2. 选中"成绩表"中部分数据（包括 4 门课程和前 5 位学生的成绩，如 B2:F7 区域），创建嵌入式三维簇状柱形图图表，图表标题为"学生成绩表"，将该图表移动并调整到 A12:F26 区域，然后对此图表进行如下编辑和格式化操作，效果如图 3-10 所示。

（1）删除图表中高等数学的数据系列，将"计算机"与"大学英语"的数据系列次序对调；增加图表中"计算机"的数据系列数据标记（以值显示）。

（2）对图表标题"学生成绩表"设置华文楷体、18 磅；将图表区的字体大小设置为 10 磅，并选用最粗的圆角边框，有阴影。

（3）将图例边框改为无边框但有阴影，并将图例设置到图表区的底部。

（4）将数值轴的主要刻度间距改为 20。

（5）将背景墙区域的图案改为蓝色。

3. 对建立的嵌入图复制到 H12 单元格开始的区域（不需重新选定数据源），改为如图 3-11 所示样张的三维面积图（对图形区、背景、图例、坐标轴等格式设置不要求与样张严格一致）。

4. 将部分学生的"计算机"课程成绩在"三维饼图"工作表中创建独立的三维饼图图表。调整图形的大小并进行必要的编辑，样张如图 3-12 所示（艺术字标题和两个标注的格式不要求与样张严格一致）。

实验 5　数据统计与分析

一、实验目的

1. 掌握数据列表的排序、筛选。
2. 掌握数据的分类汇总。
3. 掌握数据透视表的操作。

二、实验内容

1. 打开保存的 excel3.xlsx 文件，在原文件夹中另存为 excel5.xlsx，并保存以下操作。
2. 按要求对数据进行排序、筛选和分类汇总，并设置效果（见图 3-16、图 3-17 和图 3-18）。
3. 插入"数据透视表"工作表，并建立样张（见图 3-19）所示的透视表。

三、实验过程和步骤

1. 打开 excel3.xlsx 文件，在文件夹中另存为 excel5.xlsx，并保存以下操作。

2. 将"成绩表"工作表中数据列表的"姓名"右边增加"性别"字段，2、4、6 记录为女同学，其他为男同学。删除"基本情况表""优秀名单"和"成绩表（2）"，插入"成绩排序""筛选"和"汇总" 3 个工作表，并把"成绩表"的内容分别复制到这 3 个工作表中。

3. 对"成绩排序"工作表中的数据列表进行排序（见图 3-16）。

要求：按"性别"排列，男同学在上，女同学在下，性别相同的总分按降序排列。

汉字排序，按汉字的拼音字母次序排序。

对数据排序、筛选和分类汇总时所选定的对象一定是数据列表。

4. 对"筛选"工作表中的数据列表进行自定义筛选（见图3-17）。

要求：筛选出总分小于240分或大于280分的女生记录。

完成此筛选操作分成两步（先后次序可调整）：第1步为筛选女生的记录，第2步为筛选总分小于240分或大于280分的记录。第2步的操作方法为:对总分筛选时选择自定义项，在其对话框设置的两个条件用"或"逻辑运算符连接，如图3-13所示。

5. 对"汇总"工作表进行下列分类汇总操作。

（1）按"性别"分别求出男生和女生的各科平均成绩（不包括总分），平均成绩保留2位小数。

分类汇总操作的第1步，必须先"分类"，即对"分类字段"进行"排序"操作，然后再按一定的"汇总方式"对"汇总字段"进行"汇总"操作。"分类字段"、"汇总字段"和"汇总方式"是分类汇总中3个重要的概念。

在本例中，"分类字段"为"性别"，"汇总字段"（即"选定汇总项"）为4门课程名称（高等数学、计算机、大学英语和古汉语），"汇总方式"是平均值，如图3-14所示。

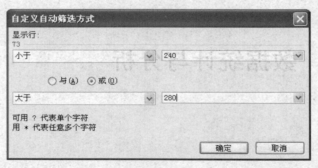

图3-13　筛选总分小于240分或大于280分的记录　　图3-14　分类汇总的3个重要概念

（2）在原有分类汇总的基础上，再汇总出男生和女生的人数（见图3-18）。

在原有分类汇总的基础上再汇总，即嵌套分类汇总。这时只要在原汇总的基准上，再进行汇总，然后不选中图3-14中"替换当前分类汇总"复选框。

6. 复制"成绩表"中数据列表到新插入的"透视表"工作表内，并建立样张（见图3-19）所示的数据透视表。

选择"插入"功能区"数据透视表"按钮，选择"数据透视表"命令，请参考教材上相应内容操作，然后在复选框中选取数据字段"性别""计算机""古汉语""高等数学"和"大学英语"到数值区域，调整"性别"到列标签，"数值"到行标签，结果如图3-15所示。

图 3-15 选择数据字段到数值区域

四、"数据统计与分析"样张

中文系本科班成绩表

学号	姓名	性别	高等数学	计算机	大学英语	古汉语	总分	平均分	总评
05001	王 飞	男	98	83	81	85	352	88.00	优秀
05005	李 青	男	76	79	90	98	343	85.75	优秀
05003	张一鸣	男	87	77	68	65	297	74.25	良好
05004	刘 云	女	82	68	80	76	306	76.50	良好
05002	李云江	女	68	65	79	67	279	69.75	一般
05006	潘 云	女	52	61	55	46	214	53.50	不及格
最高分			98	88	90	98	优秀率		33.33%
最低分			52	61	55	46			

图 3-16 excel5.xlsx 中的"成绩排序"工作表样张

中文系本科班成绩表

学号	姓名	性别	高等数学	计算机	大学英语	古汉语	总分	平均分	总评
05004	刘 云	女	82	68	80	76	306	76.50	良好
05006	潘 云	女	52	61	55	46	214	53.50	不及格

图 3-17 excel5.xlsx 中的"筛选"工作表样张

中文系本科班成绩表

学号	姓名	性别	高等数学	计算机	大学英语	古汉语	总分	平均分	总评
05001	王 飞	男	98	83	81	85	352	88.00	优秀
05003	张一鸣	男	87	77	68	65	297	74.25	良好
05005	李 青	男	76	79	90	98	343	85.75	优秀
		男 计数	3						
		男 平均值	87.00	81.33	79.67	82.67			
05002	李云江	女	68	65	79	67	279	69.75	一般
05004	刘 云	女	82	68	80	76	306	76.50	良好
05006	潘 云	女	52	61	55	46	214	53.50	不及格
		女 计数	3						
		女 平均值	67.33	64.67	71.33	63.00			
		总计数	7						
		总计平均值	77.17	73.00	75.50	72.83			
最高分			98	88	90	98	优秀率		33.33%
最低分			52	61	55	46			

图 3-18 excel5.xlsx 中的"汇总"工作表样张

	A	B	C	D
1				
2				
3		列标签		
4	值	男	女	总计
5	求和项:高等数学	261	202	463
6	求和项:计算机	244	194	438
7	求和项:大学英语	239	214	453
8	求和项:古汉语	248	189	437
9				

图 3-19　excel5.xlsx 中的"透视表"工作表样张

操作测试题

学号：＿＿＿＿＿＿　姓　名：＿＿＿＿＿＿　成　绩：＿＿＿＿＿＿

班级：＿＿＿＿＿＿　课程号：＿＿＿＿＿＿　任课教师：＿＿＿＿＿＿

题号	测试题1	测试题2	测试题3	测试题4	合计
得分					

综合作业要求：

（1）以你的学号和姓名为名建立一个新文件夹，下列所有操作内容都复制或保存在你自己建立的文件夹下；

（2）在 Excel 2010 环境下，按题目要求，在规定时间内完成作业；

（3）整个作业压缩打包上交 RAR 文件，文件的大小一般不要超过 20MB。

测 试 题 1

在 D:\练习\Excel 中打开工作簿 e_test1.xlsx，完成以下测试后另存为到指定的位置，效果如图 3-20 所示。

图 3-20　e_test1.xlsx 中 Sheet1 的原始样张

1. 设置标题为黑体、红色、加粗、居中、四号字（即 14 磅），合并 A1-F1 单元格，其余数据设为宋体、蓝色、居中、小四号字（即 12 磅）。所有数值型数据垂直水平方向居中对齐，14 磅、蓝色，保留两位小数。除标题外加外框红色粗线条、内框蓝色细线条。

2. 要求使用公式或函数计算：各类产品的"年销售总数"，各季度的"季度销售数"和"平均值"。

3. 要求用条件格式对各季度销售数量小于该季度"平均值"的图书以红色格式标记。

4. 按"年销售总数"递增的顺序对统计表中的数列进行排序。

5. 在 Sheet2 中插入一张图表，标题为"某书店 2014 年图书销售总数图"，如图 3-21 所示。

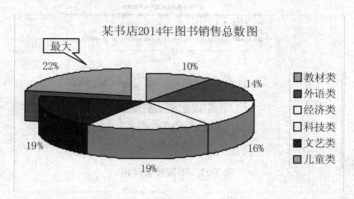

图 3-21　e_test1.xlsx 中 Sheet2 的图表效果样张

6. 复制 Sheet1 的内容到 Sheet3（后改名为"筛选"），筛选出"第二季度＞70"，"年销售总数＞320"的图书类别。

7. 对 Sheet1 进行以下页面设置。

（1）纸张大小为 A4，文档打印时垂直水平居中，上、下页边距为 3.5 厘米。

（2）设置页眉为"2014 年图书销售表"，居中对齐，设置页脚为当前日期，靠右对齐。

测 试 题 2

在 D:\练习\Excel 中打开工作簿 e_test2.xlsx，完成以下测试后另存为到指定的位置，效果如图 3-22 所示。

1. 按"准考证号"升序排序。

2. 在第一列左边增加"序号"字段，序号为"01，02，03，04，…"。

3. 设置表格标题为跨列居中，20 号字，红色。

4. 利用函数或公式分别计算出"考试成绩"和"总评成绩"（考试成绩为：选择题、第 1 题、第 2 题、第 3 题、第 4 题成绩之和；总评成绩为：0.7*考试成绩+0.3*平时成绩，并采取四舍五入取整）。

5. 根据"总评成绩"利用函数、条件格式填充"总评等级"，并使"不及格"为红色；总评成绩大于 89 分为优秀、80～89 分为良好、70～79 分为中等、60～69 分为及格、不到 60 分为不及格。

6. 利用函数或公式分专业统计各种成绩平均值和总计各种成绩平均值。

7. 制作"分专业各题及总成绩平均分数情况"表。

8. 根据"分专业各题及总成绩平均分数情况"表的数据，在表的下方创建一个柱形图，如图 3-22 所示。

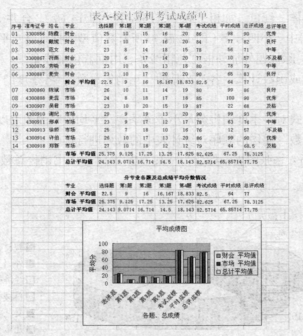

图 3-22　图表效果样张

测 试 题 3

在 D:\练习\Excel 中打开 e_test3.xlsx，如图 3-23 和图 3-24 所示。完成以下操作后另存为到指定的位置（e_test3.xlsx 的考试要求和评分标准可参见表 3-1）。

图 3-23　e_test3.xlsx "sheet1" 工作表

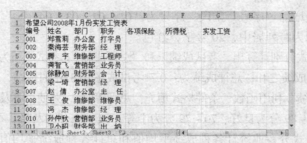

图 3-24　e_test3.xlsx "Sheet2" 工作表

1. 将 e_test3.xlsx 以 "*???E_test3.xlsx" 的文件名保存指定位置，并将 "Sheet1" 和 "Shee2" 工作表分别重命名为 "应发" 和 "实发"。效果如图 3-25 和图 3-26 所示。

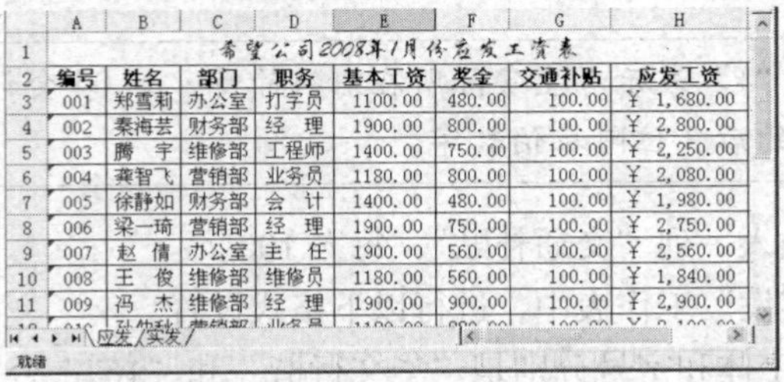

	A	B	C	D	E	F	G	H
1	希望公司2008年1月份应发工资表							
2	编号	姓名	部门	职务	基本工资	奖金	交通补贴	应发工资
3	001	郑雪莉	办公室	打字员	1100.00	480.00	100.00	¥ 1,680.00
4	002	秦海芸	财务部	经　理	1900.00	800.00	100.00	¥ 2,800.00
5	003	腾　宇	维修部	工程师	1400.00	750.00	100.00	¥ 2,250.00
6	004	龚智飞	营销部	业务员	1180.00	800.00	100.00	¥ 2,080.00
7	005	徐静如	财务部	会　计	1400.00	480.00	100.00	¥ 1,980.00
8	006	梁一琦	营销部	经　理	1900.00	750.00	100.00	¥ 2,750.00
9	007	赵　倩	办公室	主　任	1900.00	560.00	100.00	¥ 2,560.00
10	008	王　俊	维修部	维修员	1180.00	560.00	100.00	¥ 1,840.00
11	009	冯　杰	维修部	经　理	1900.00	900.00	100.00	¥ 2,900.00

图 3-25　*???e_test3.xlsx “应发”工作表样张

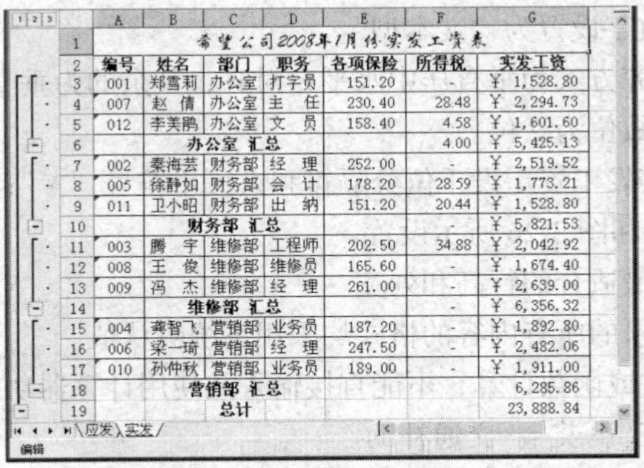

	A	B	C	D	E	F	G
1	希望公司2008年1月份实发工资表						
2	编号	姓名	部门	职务	各项保险	所得税	实发工资
3	001	郑雪莉	办公室	打字员	151.20	-	¥ 1,528.80
4	007	赵　倩	办公室	主　任	230.40	28.48	¥ 2,294.73
5	012	李美鹏	办公室	文　员	158.40	4.58	¥ 1,601.60
6		办公室 汇总				4.00	¥ 5,425.13
7	002	秦海芸	财务部	经　理	252.00	-	¥ 2,519.52
8	005	徐静如	财务部	会　计	178.20	28.59	¥ 1,773.21
9	011	卫小昭	财务部	出　纳	151.20	20.44	¥ 1,528.80
10		财务部 汇总				-	¥ 5,821.53
11	003	腾　宇	维修部	工程师	202.50	34.88	¥ 2,042.92
12	008	王　俊	维修部	维修员	165.60	-	¥ 1,674.40
13	009	冯　杰	维修部	经　理	261.00	-	¥ 2,639.00
14		维修部 汇总				-	¥ 6,356.32
15	004	龚智飞	营销部	业务员	187.20	-	¥ 1,892.80
16	006	梁一琦	营销部	经　理	247.50	-	¥ 2,482.06
17	010	孙仲秋	营销部	业务员	189.00	-	¥ 1,911.00
18		营销部 汇总					6,285.86
19			总计				23,888.84

图 3-26　*???e_test3.xlsx “实发”工作表样张

表 3–1　　e_test3.xlsx 的考试要求和评分标准

考试内容		考试要求	评分标准（分）	
保存	文件名	*???E_test3.xlsx	2	4
	保存位置	D 盘或由教师指定位置	1	
	文件类型	Excel 默认值	1	
输入		在“奖金”右边插入一列“交通补贴”，每人 100 元	6	6
格式	标题（第 1 行）	字体和字号分别是“华文行楷”和“16”，合并居中	2	30
	表头（第 2 行）	字体为“宋体”，加粗	2	
	“编号”字段	在此字段的数字设置为“文本型”	4	
	对齐方式	除数值型数据垂直居中水平右对齐外，其余的为垂直水平居中	4	
	小数位	数值型数据的小数位为 2 位	6	
	千位分隔符等	“应发工资”、“实发工资”设千位分隔符和人民币符号“¥”	6	
	边框	如图 3-25 和图 3-26 所示的设置	3	
	行高和列宽	采用最适合的行高和列宽	2	
	其他格式	在以上部分未要求的所有内容的格式均采用系统默认值	1	
计算（必须用公式或函数计算，不能直接输入或使用计算器功能）		应发工资=基本工资+奖金+交通补助	1 分/单元格	12
		各项保险=应发！应发工资×9%		12
		所得税=（应发！应发工资-各项保险-2000）×税率		12
		实发工资=应发！应发工资-各项保险-所得税		12
分类汇总		完成“实发工资”的格式设置和计算操作之后，接下来做“分类汇总”：按“部门”汇总“实发工资”总额	12	12
			总分	100

文件名中的"*"表示考生实际所在班级简称，如 04 会计 1；文件名中的"???"表示学生完整学号的后 3 位阿拉伯数字。

　　2. 在"奖金"右边插入一列"交通补贴"，每人 100 元。

　　3. 在"应发"和"实发"工作表中，进行以下格式设置。

　　（1）标题（第 1 行）字体和字号分别是"华文行楷"和"16"，合并居中；表头（第 2 行）：字体为"宋体"，加粗。

　　（2）"编号"字段的数字设置为"文本型"。

　　（3）数值型数据的对齐方式为垂直居中水平右对齐，其余的为垂直水平居中。

　　（4）数值型数据的小数位为 2 位。

　　（5）"应发工资"、"实发工资"设千位分隔符和人民币符号"￥"；

　　（6）边框线按图 3-25 和图 3-26 所示设置。

　　（7）行高和列宽采用最适合的行高和列宽。

　　（8）在以上部分未要求的所有内容的格式均采用系统默认值。

　　4. 计算（必须用公式或函数计算，不能直接输入或使用计算器功能）。

　　（1）应发工资=基本工资+奖金+交通补助。

　　（2）各项保险=应发！应发工资×9%。

　　　　实际的各项保险包括养老保险、医疗保险、失业保险和工伤保险 4 种，其中工伤保险费用完全由单位缴纳，其余 3 项由单位和个人缴纳，个人交纳的数额分别为应发工资的 6%、2% 和 1%。

　　　　因为"各项保险"字段与"应发工资"字段不在同一个工作表中，因此，计算时所引用的单元格地址就必须使用三维地址"[工作簿名]工作表名！单元格地址"。此题中，两个字段同在一个工作簿中，最终使用"工作表名！单元格地址"即可，如"应发！h3"。

　　（3）所得税=（应发！应发工资-各项保险-2000）×税率。

　　　　根据国家的有关规定，（应发工资-各项保险）在"大于等于 2000"的范围应交纳"（应发工资-各项保险-2000）×5%"的"个人所得税"（所得税）。

　　　　在此处，已达到交税标准的个人才需要交纳所得税。因此，不能直接输入计算公式，而是用 if 函数来对其先判断后计算，如：

　　　　所得税=IF(应发!H3-实发!E3-2000>0,(应发!H3-实发!E3-2000)*0.05,0)

　　（4）实发工资=应发！应发工资-各项保险-所得税。

　　（5）分类汇总：完成"实发工资"的格式设置和计算操作之后，接下来做"分类汇总"：按"部门"汇总"实发工资"总额。

测 试 题 4

　　在 D:\练习\Excel 中打开工作簿 e_test4.xlsx，完成以下测试后另存为到指定的位置，效果如图 3-27 所示。

　　1. 将表中所有数据居中对齐，数值型数据保留 2 位小数；增加标题"销售统计表"并设置为跨列居中、楷体、24 号字、红色。

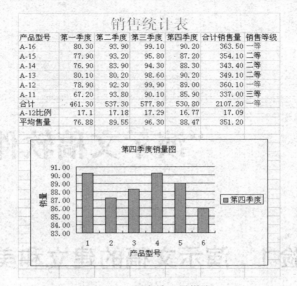

销售统计表

产品型号	第一季度	第二季度	第三季度	第四季度	合计销售量	销售等级
A-16	80.30	93.90	99.10	90.20	363.50	一等
A-15	77.90	93.20	95.80	87.20	354.10	二等
A-14	76.90	83.90	94.30	88.30	343.40	二等
A-13	80.10	80.20	98.60	90.20	349.10	二等
A-12	78.90	92.30	99.90	89.00	360.10	一等
A-11	67.20	93.80	90.10	85.90	337.00	三等
合计	461.30	537.30	577.80	530.80	2107.20	一等
A-12比例	17.1	17.18	17.29	16.77	17.09	
平均售量	76.88	89.55	96.30	88.47	351.20	

图 3-27   图表效 p 果样张

2. 按"产品型号"递减的顺序对各型号产品排序。

3. 在"合计销售量"列分别统计各类产品 4 个季度销售量的总和（要求使用公式或函数）。

4. 根据"合计销售量"，利用函数、条件格式填充"销售等级"，并使"一等"为红色；销售等级大于等于 360 分为一等，小于 360 且大于等于 340 为二等，340 以下为三等。

5. 在"合计"行统计各类产品每个季度销售量的合计（要求使用公式或函数）。

在"A-12 比例"所在行统计 A-12 型产品在每个季度所有产品销量中所占的比例，并保留小数点后两位（要求使用公式或函数）。

6. 在"平均销量"行统计每个季度的平均销售量（要求使用公式或函数）。

7. 根据"产品型号"和"第四季度"列的值制作柱形图，图表标题为"第四季度销量图"。如图 3-27 所示。

第 4 章
"演示文稿软件" 实验

实验 1　演示文稿的建立和美化

一、实验目的

1. 掌握创建演示文稿的方法。
2. 掌握演示文稿格式化和美化方法。
3. 掌握插入图表、图片、艺术字等对象。

二、实验内容

1. 启动 PowerPoint 演示软件。

选择"开始/所有程序/Microsoft Office/Microsoft Office PowerPoint 2010"命令，即可进入 PowerPoint。

2. 利用"空演示文稿"创建演示文稿。

创建自我介绍演示文稿，3 张幻灯片样张如图 4-1 至图 4-3 所示，并以 P1.pptx 文件保存在 D 盘或指定的文件夹下。（注意：P1.pptx 演示文稿为后续实验的素材，请务必保存。）

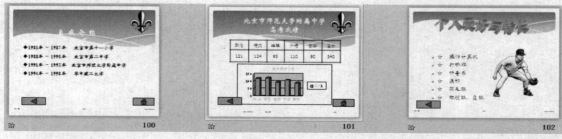

图 4-1　第 1 张幻灯片　　　　图 4-2　第 2 张幻灯片　　　　图 4-3　第 3 张幻灯片

（1）进入 PowerPoint 后，选择"文件/新建"命令，弹出图 4-4 所示的"新建演示文稿"窗口，选择"空白演示文稿"选项，弹出"幻灯片版式"窗口，如图 4-5 所示。

（2）图 4-1 所示的第 1 张幻灯片，采用"标题和文本"版式，标题填入"自我介绍"和你的姓名；文本处填写你从小学开始的教育简历。

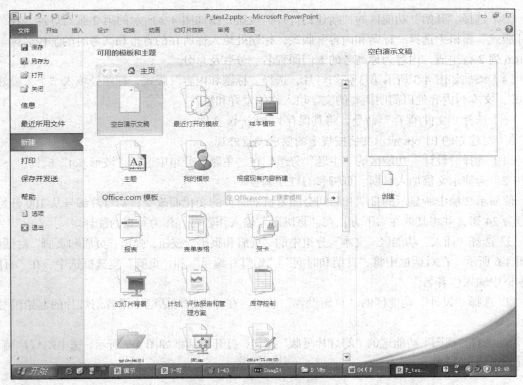

图 4-4 "新建演示文稿"窗口

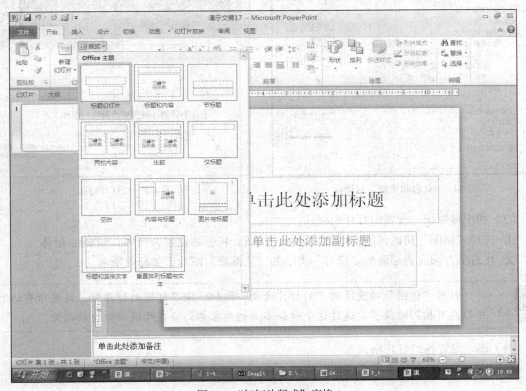

图 4-5 "幻灯片版式"窗格

（3）选择"开始"功能区的"新建幻灯片"按钮，添加图4-2所示的第2张幻灯片。在"幻灯片版式"窗格中选择"标题和内容"版式，标题处填入你所在的省市和高考时的学校名称。表格由6列2行组成，内容为你高考的5门课程名、分数及总分。

（4）添加如图4-3所示第3张幻灯片，选择"标题和内容"版式，标题处填入"个人爱好和特长"，文本与内容处以简明扼要的文字填入你的爱好和特长。

（5）选择"文件/保存"命令，将其保存为P1.pptx文件。

3．对建立的P1.ppt演示文稿按规定的要求设置外观。

（1）选择"设计"功能区的"主题"分组，在"主题"分组中选择"波形.pot"模板。

（2）为演示文稿加入日期、页脚和幻灯片编号。

使演示文稿中所显示的日期和时间会随着机器时钟的变化而改变；幻灯片编号从100开始，字号为24磅，并将其放在右下方；在"页脚区"输入作者名，作为每页的注释。

① 选择"插入"功能区"文本"分组中的"页眉和页脚"按钮，弹出"页眉和页脚"对话框，如图4-6所示。在对话框中将"日期和时间"、"幻灯片编号"和"页脚"复选框选中，在"页脚"文本框中输入作者名。

② 选择"设计"功能区的"页面设置"按钮，在弹出的对话框中设置幻灯片的起始编号为100。

③ 选择"视图"功能区的"幻灯片母版"按钮，打开对话框如图4-7所示，选中幻灯片编号，设置其字体为24磅。

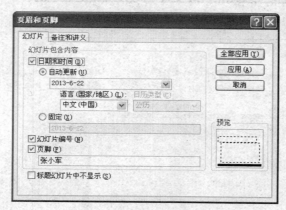

图4-6 "页眉和页脚"对话框

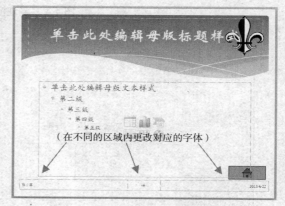

图4-7 幻灯片母版

（3）利用母版统一设置幻灯片的格式。

① 选择"视图"功能区的"幻灯片母版"按钮，将标题设置为楷体、54磅、粗体。

② 在右上方插入剪贴画的"符号"类中的"装饰物"图片，如样张所示。

提示　　　利用"视图"功能区的"幻灯片母版"按钮，除了标题幻灯片外，设置所有的幻灯片都具有相同的设置，通过这个命令添加的对象都必须在母版中修改和删除。

（4）逐一设置各幻灯片格式。

设置第1张幻灯片的文本为楷体、加粗、32磅，段前0.5行，项目符号为◆。

设置第 2 张幻灯片的表格为外框 4.5 磅框线，内为 1.5 磅框线，表格内容水平、垂直居中。

设置第 3 张幻灯片的文本为楷体、加粗、32 磅，段前 0.5 行，项目符号为■。

（5）设置背景。

① 选择"设计"功能区的"背景样式"按钮，在下拉窗格中选择"设置背景格式"命令，如图 4-8 所示。

② 弹出"设置背景格式"对话框，如图 4-9 所示。在"填充"选项中，选择"渐变填充"单选钮，单击"全部应用"按钮。

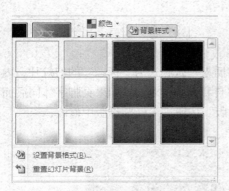

图 4-8　选择"设置背景格式"命令

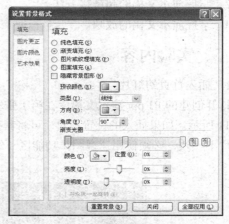

图 4-9　"设置背景格式"对话框

4. 插入图表、图片、艺术字等对象。

（1）根据第 2 张幻灯片中的表格内容插入图表，如图 4-2 所示。

① 选中表格中的数据，选择"开始"功能区的"复制"按钮。

② 选择"插入"功能区的"图表"按钮，显示默认的图表数据，将默认的数据删除，把复制的高考成绩数据"粘贴"到"数据表"中，如图 4-10 所示。

③ 将图表作适当的修改，效果如图 4-2 所示。

	A	B	C	D	E	F
1	政治	语文	地理	外语	数学	总分
2	121	124	95	110	90	540

图 4-10　高考成绩数据表

（2）根据第 3 张幻灯片中的图片样式，插入图片。

提示　选择"插入"功能区的"图片"按钮，图片内容可选择自己所喜欢的图片、你的照片或剪贴画等。其操作方法与 Word 的插入图片操作方法相似。

（3）将第 3 张幻灯片标题文字"个人爱好与特长"改为"艺术字"库中你所喜欢的样式，加阴影。

提示　将标题对象删除，选择"插入"功能区的"艺术字"按钮，选择喜欢的样式，输入文字"个人爱好与特长"后，单击"确定"按钮，通过"绘图"工具栏中的"阴影"按钮设置艺术字的阴影。

实验2　幻灯片的动画效果和超链接

一、实验目的

1. 掌握幻灯片的动画制作。
2. 掌握演示文稿的超链接方法。
3. 掌握演示文稿的放映。

二、实验内容

1. 插入首页幻灯片。

打开创建的 P1.ppt 演示文稿，在第 1 张幻灯片前插入一张版式为"标题"的幻灯片，内容如图 4-11 所示。如果插入的位置不对，可将其移动至"自我介绍"之前。如果页脚字体同后面 3 张幻灯片不一致，必须使用"视图"功能区"幻灯片母版"按钮进入标题母版中修改。

图 4-11　首页的幻灯片

2. 设置幻灯片的动画效果。

（1）幻灯片内动画设计。

① 第 1 张幻灯片中的标题设置从左侧"飞入"，文本从上部"飞入"。

选择"动画"功能区的"动画"分组按钮，选中"标题 1"和"文本 2"对象，在"动画"窗格中按以上要求设置动画效果，如图 4-12 所示。

② 第 2 张幻灯片中的文本内容，采用从底部"切入"的动画效果。选择"文本 2"下拉列表中的"效果选项"，在弹出的"切入"对话框中分别设置动画文本"整批发送"、计时从开始"上一动画之后"、延迟"3 秒"，组合文本"按第一级段落"，如图 4-13 至图 4-15 所示。

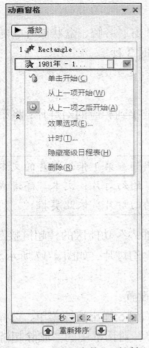

图 4-12 "动画窗格"对话框

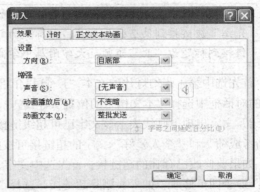

图 4-13 "飞入"对话框

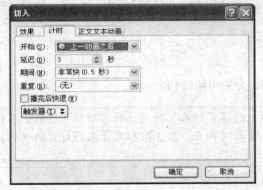

图 4-14 "计时"选项

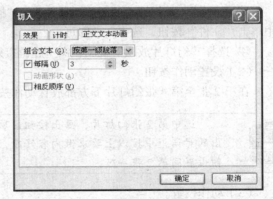

图 4-15 "正文文本动画"选项

③ 将第 4 张幻灯片的"艺术字"对象设置为"螺旋"效果;对图片对象设置"右侧飞入"效果;对文本设置"向下擦除"的效果。动画出现的顺序,首先为图片对象,随后出现文本,最后显示艺术字。

④ 分别采用"幻灯片放映/开始放映幻灯片"命令和切换到"幻灯片放映"视图,显示幻灯片动画效果,指出这两种放映方式的差别,如图 4-16 所示。

图 4-16 "幻灯片放映"功能区

（2）设置幻灯片间切换效果。

将演示文稿内各幻灯片之间的切换效果分别设置为水平百叶窗、溶解、盒状展开、随机等方式。设置切换速度为"快速"，换页方式可以通过单击鼠标或定时 3 秒。

3．演示文稿中的超链接。

（1）创建超链接。

根据演示文稿中第 1 张幻灯片中的文本内容（目录），将其链接到相应的幻灯片；将第 4 张幻灯片的图片链接到任一个 Word 文档。

 操作时应注意文本内容与幻灯片内容的相关性。例如，第 1 张幻灯片的文本"自我介绍"应链接到第 2 张幻灯片，即标题为"自我介绍"的幻灯片；文本"高考成绩"应链接到标题为"北京市师范大学附属中学高考成绩"的幻灯片，依此类推。

① 首先选中第 1 张幻灯片的文本"1. 自我介绍"；选择"插入"功能区的"超链接"按钮，在弹出的对话框中选择"本文档中的位置"，再选中"自我介绍"幻灯片，如图 4-17 所示。在"1. 自我介绍"文字出现下画线表示该文字已可超级链接。

"高考成绩"和"个人爱好"文字的超链接可按此方法进行设置。

② 如果要修改已存在的超链接，首先选中文字，单击鼠标右键，弹出快捷菜单，选择"编辑超链接"命令即可修改。如果要删除超链接，选择"编辑超链接"对话框中的"删除超链接"按钮即可。

③ 选中第 4 张幻灯片的图片对象，选择"插入"功能区的"超链接"按钮，在弹出的对话框中单击"文件"按钮，选中文件即可。

④ 选择"幻灯片放映"视图，浏览超链接效果。

（2）设置动作按钮。

在第 2 张至第 4 张幻灯片下方都放置动作按钮，分别可跳转到上一张。

 选中第 2 张幻灯片，画出按钮区域后，选择"插入"功能区的"动作"按钮，在弹出的对话框中按以上要求做内容修改，如图 4-18 所示。第 3 张和第 4 张幻灯片的动作按钮设置同第 2 张一致。

（3）动作设置。

将第 3 张幻灯片的标题进行动作设置，使鼠标单击该文字时，可启动"画图"程序。

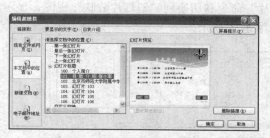

图 4-17 超链接位置的选择

图 4-18 "动作设置"对话框

选中第 3 张幻灯片标题对象，选择"插入"功能区的"动作"按钮，在弹出的对话框中选择"运行程序"选项，单击"浏览"按钮，查找"画图"程序，然后单击"确定"按钮。

4. 利用幻灯片母版设置动画。

（1）对所有的幻灯片的标题动画设置为从左侧飞入，图片设置为"回旋"。

选择"视图"功能区的"幻灯片母版"按钮，再选择"动画"功能区"动画"分组中的按钮设置。

（2）在第 2 张至第 4 张幻灯片下方都放置动作按钮，分别可跳转到首页。

在幻灯片母版视图中，画出按钮区域后，选择"插入"功能区"动作"按钮，在弹出对话框中的"超链接到"选项中选择"第一张幻灯片"，然后单击"确定"按钮。切换到"普通"视图，通过放映查看其效果，如需要做修改，必须进入"幻灯片母版"中方可修改。

5. 放映演示文稿。

演示文稿的放映有以下两种方法。

① 选择"幻灯片放映"功能区按钮。

② 单击窗口上的"幻灯片放映"视图按钮。

在演示文稿放映之前，可根据使用者的具体要求设置演示文稿的放映方式，选择"幻灯片放映"功能区按钮。

（1）"排练计时"按钮。

利用"排练计时"按钮，将演示文稿设定播放所需要的时间。注意，在幻灯片放映时以秒为单位显示放映的时间。

（2）设置不同的放映方式。

将演示文稿的放映方式分别设置为"演讲者放映"、"观众自行浏览"和"在展台放映"，并且和排练计时结合，在放映时观察其效果。

三、演示文稿的样张及效果

P1.ppt 演示文稿样张如图 4-19 所示。

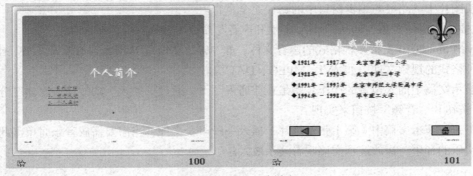

图 4-19　演示文稿样张

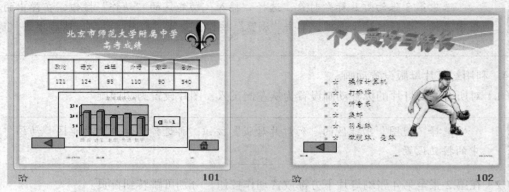

图 4-19　演示文稿样张（续）

实验 3　多媒体幻灯片的制作

一、实验目的

1. 掌握插入多媒体对象的方法。
2. 掌握制作多媒体动画效果的方法。

二、实验内容

1. 用 PowerPoint 制作演示正弦波动画。

下面介绍在 PowerPoint 中正弦波演示的具体操作过程。

（1）单击"插入"功能区的"形状"按钮，绘制一个圆，用它来表示动点。选中此圆，选择"动画"功能区"动画"分组中的"正弦波"按钮，添加正弦波动画。

（2）正弦波路径运动停止后，看到一个正弦波出现。选中它，可以利用控制句柄调整其大小或进行旋转操作，如图 4-20 所示。

（3）由于在放映时，只能看到圆球沿该路径运动，路径本身（正弦波）是不会显示出来的。为此，按下"Print Screen"键，将正弦波屏幕复制下来，并粘贴到画图板中，进行适当的编辑和保存，然后单击"插入"功能区的"图片"按钮，将路径图插入到编辑窗口中，仔细调整图片的位置，使图片中的路径与编辑窗口中的路径完全重合。

2. 插入多媒体对象，即从"插入/影片和声音"命令中选择对应的子命令。

PowerPoint 2010 支持多种格式的声音文件，如 WAV、MID、WMA、MP3 等。PowerPoint 可播放多种格式的视频文件，如 AVI、MPEG、DAT 等。

在演示文稿中插入声音的操作步骤是在普通视图下，通过"插入"功能区"媒体"分组中的"视频"按钮和"音频"按钮来实现。

在正弦波演示文稿中（第 1 张幻灯片）插入一段声音文件，当需要播放音乐时单击此处，播放一段快乐的音乐。播放演示文稿观看演示效果。

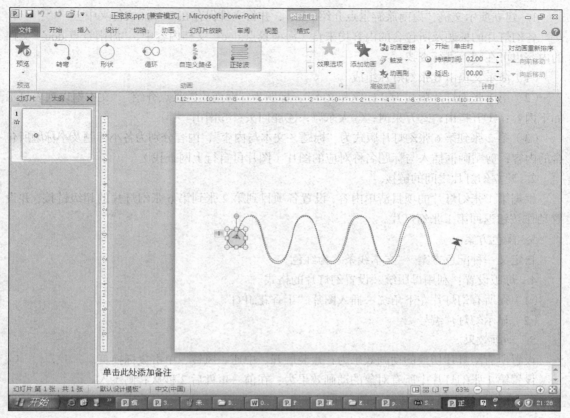

图 4-20　正弦波

操作测试题

学号：_____　姓　名：_____　成　绩：_____

班级：_____　课程号：_____　任课教师：_____

题号	测试题1	测试题2	测试题3	合计
得分				

综合作业要求：

（1）在 PowerPoint 2010 环境下进行操作；按题目要求，在规定时间内完成作业；

（2）整个作业压缩打包上交 RAR 文件，文件的大小一般不要超过 20MB。

测 试 题 1

在 D:\ppt 文件夹中打开 P_test1.ppt，完成如下操作，并以原文件名保存。

1. 建立演示文稿"海南旅游景点介绍.pptx"，并将文件保存在 D:\ppt 文件夹中。

各幻灯片的标题及所包含的内容均来自"海南景点.doc"文档内容中，"海南景点.doc"文档的内容也可在网上进行查找。

（1）演示文稿由 6 张幻灯片组成。

（2）第 1 张幻灯片版式为"标题和文本"，标题为"海南旅游景点介绍"。文本框以列表显示如下内容：①五指山；②万泉河；③大东海；④鹿回头；⑤南山。

（3）第 2 张到第 6 张幻灯片版式为"标题，文本与内容"，内容分别为各小标题及小标题所包含的内容；剪贴画框插入与标题名称对应的图片（图片可自行上网查找）。

2. 建立幻灯片之间的链接。

根据第 1 张幻灯片的项目清单内容，设置各项目到第 2 张到第 6 张幻灯片的超级链接，并设置动作按钮返回第 1 张幻灯片。

3. 配色方案。

自定义一种配色方案，"文本线条"为红色。

4. 母版设置：利用母版统一设置幻灯片的格式。

（1）在所有幻灯片左下角统一插入图片"丁香花.JPG"。

（2）显示幻灯片编号。

5. 动画效果。

设置所有幻灯片切换的动画效果为：盒装展开、中速、风铃、单击鼠标换页。

设置第 1 张幻灯片中所有对象的动画效果为：在前一事件后 2 秒从右侧飞入。

6. 在幻灯片中插入一段相关的音乐。

测 试 题 2

在 D:\ppt 文件夹中打开 P_test2.pptx，完成如下操作，并以原文件名保存。

1. 在第 2 张幻灯片的前面插入 1 张新幻灯片，以组织结构图的方式说明公司机构状况。

公司机构分为如下 3 级。

最高一级：总公司。

第二级：部门 A、部门 B、部门 C、部门 D。

第三级：在部门 C 下又分为：部门 CA、部门 CB。

对组织结构图附文本注释"公司组织结构图"。

2. 在第 1 张幻灯片的后面插入 1 张新幻灯片，版式为"标题和文本"，标题为"目录"，内容为其后面的几张幻灯片标题文字，并根据此幻灯片的文本内容，分别设置其到相应幻灯片的超级链接，同时给其他幻灯片设置动作返回按钮，返回到目录幻灯片。

3. 将标题为"议程"的幻灯片中文本框中的项目符号改为"*"，同时将该幻灯片中的文本设置为自定义动画效果，文本依次从屏幕左侧飞入。

4. 改变幻灯片的应用设计模板，新的应用设计模板由考生自定，幻灯片背景采用新闻纸纹理的填充效果。

5. 幻灯片的切换效果为：从全黑淡出，慢速。

6. 设置幻灯片编号（标题幻灯片除外）。

效果样张如图 4-21 所示。

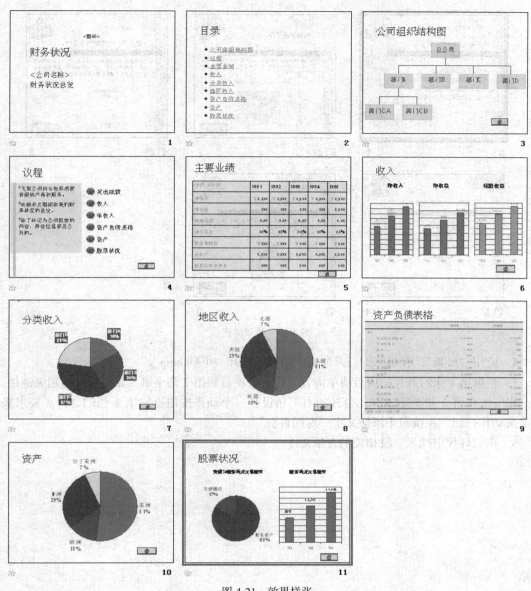

图 4-21 效果样张

测 试 题 3

创建一个演示文稿"电脑机箱装配.pptx",保存在 D:\ppt 文件夹中。

演示文稿效果样张,如图 4-22 所示。

1. 演示文稿由 5 张幻灯片组成,内容来自"D:\ pptx\电脑机箱顶板的装配步骤.docx",幻灯片的版式都设置为"标题和文本"版式,各张幻灯片字体格式自定。

2. 对所有幻灯片应用"跋涉"模板或者"波形"模板;设置幻灯片配色方案:背景为"黄色",文本为"蓝色"。

3. 设置所有幻灯片的切换方式:盒状收缩、快速、单击鼠标换页、照相机声音;幻灯片中所有图片的动画效果为"溶解",在前一事件后 1 秒启动。

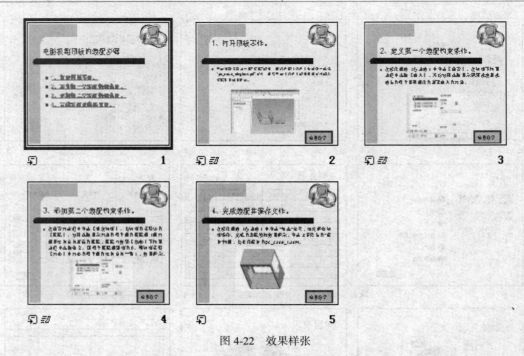

图 4-22　效果样张

4. 应用"母版"，在每张幻灯片的右上角插入图片"电脑.bmp"。

5. 根据第 1 张幻灯片的项目清单内容，设置各项目到第 2 张至第 5 张幻灯片的超级链接。

相应地在第 2 张至第 5 张幻灯片的右下角设置一个动作按钮返回第 1 张幻灯片（要求采用自定义动作按钮，在按钮中添加文字"返回首页"）。

6. 在幻灯片中插入一段相关的音乐文件。

第5章
"多媒体技术"实验

实验 1　Flash 运动动画制作

一、实验目的

1. 掌握 Flash 工具的使用。
2. 掌握 Flash 库、元件和场景的使用。
3. 掌握 Flash 制作运动动画技术。

二、实验内容

在 Flash 中制作小车在任意路径上移动的效果，如图 5-1 所示。制作好的小车运动以"小车.swf"为文件名保存在 D 盘或指定的文件夹下。

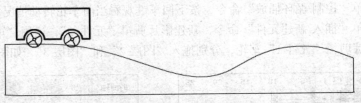

图 5-1　小车移动动画

三、实验过程和步骤

1. 启动 Flash 软件。

选择"开始/所有程序/Flash"命令，即可进入 Flash 操作界面。

2. 制作旋转的车轮。

（1）以"椭圆工具"在舞台上绘制两个无填充色的正圆线框，线条选择黑色，粗度为 6，如图 5-2 所示。

（2）点选其中一个圆，按 Ctrl+G 组合键，得到一个组；点选另一个圆，同样按 Ctrl+G 组合键，得到另一个组。框选两个组，调出"对齐"面板，分别对齐它们的 X 轴和 Y 轴，使两个圆的圆心对齐，如图 5-3 所示。

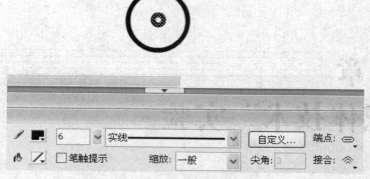

图 5-2　绘制两个正圆线框

（3）框选两个组，按 Ctrl+B 组合键，打散群组，以"线条工具"绘制两条直线穿过小圆，并删除小圆内的直线线段，如图 5-4 所示。

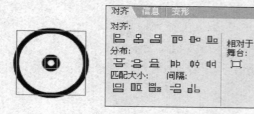

图 5-3　分别群组后对齐圆心

图 5-4　设置小车轮轴

（4）框选整个图形，按 F8 功能键，转换为影片剪辑"元件 1"，双击"元件 1"制作车轮转动动画，单击图层第 10 帧，按 F6 功能键，插入关键帧，设置第 1 帧到第 8 帧的运动变形，并设置为顺时针旋转 1 周，如图 5-5 所示。

（5）单击菜单"控制/循环插放"命令，按下回车键观看当前车轮转动情况。

（6）单击菜单"插入/新建元件"命令，新建影片剪辑"元件 2"，运用"矩形工具"绘制小车车体，并把影片剪辑"元件 1"车轮，分别拖入"图层 2"和"图层 3"，如图 5-6 所示。

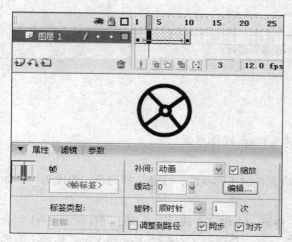

图 5-5　设置旋转

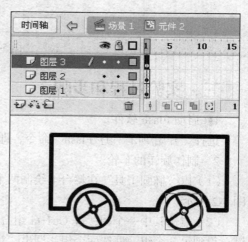

图 5-6　车轮会转动的小车

3．制作小车移动动画。

（1）回到主场景，制作小车移动动画。按 Ctrl+L 组合键打开符号库，从符号库中把影片剪辑"元件 2"拖入舞台，用"任意变形工具"对舞台中小车进行等比缩小，并放置在适当位置。单击60 帧，按下 F6 功能键，插入关键帧，拖动小车到另一头，设置第 1 帧到第 60 帧的运动变形，得到小车的移动动画，按回车键，观看到车轮转动的小车移动动画，如图 5-7 所示。

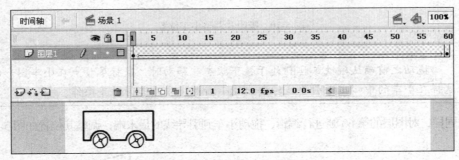

图 5-7　车轮转动的小车水平移动

（2）新建一个图层，使之位于小车图层下方，在新建图层中用铅笔工具绘制地面，如图 5-8所示。

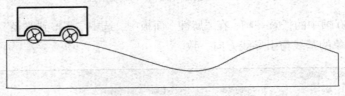

图 5-8　绘制地面

（3）单击按钮，插入一个引导层，选择铅笔工具，在引导层上画一条尽量平滑的曲线作为小车的轨迹，如图 5-9 所示，这条曲线就是引导线，引导线在最终完成的动画中是不可见的。

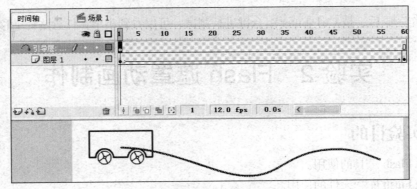

图 5-9　绘制引导线

为了保证曲线的平滑，建议选择铅笔工具后在"选项面板"上选择 $\mathcal{S}$ 选项。

（4）选中图层 1 的第 1 帧，用选择工具拖动小车图形到引导线开始的一端，然后选择旋转变形工具对小车的状态进行调整，使其符合当时的位置，如图 5-10 所示。

图 5-10　吸附并调整小车位置

拖动之前确认磁铁工具 处于按下状态。移动时，鼠标尽量点在小车图形的中心，这样在小车的中心接近引导线时会出现小圆圈，方便进行对齐操作。

（5）同样，对图层的第 60 帧进行编辑，拖动小车到引导线的最末端，调整其位置如图 5-11 所示。

图 5-11　吸附并调整小车末端位置

（6）选中 1～60 帧中的任意一帧，在"属性"面板中，选中"调整到路径"复选框，如图 5-12 所示，此时移动对象的基线与引导线方向一致。

图 5-12　属性面板

（7）制作完成后，按 Ctrl+Enter 组合键进行测试，可以看到小车在任意路径上移动的动画。

实验 2　Flash 遮罩动画制作

一、实验目的

1. 掌握 Flash 工具的使用。
2. 掌握 Flash 库、元件的使用。
3. 掌握 Flash 遮罩动画制作技术。

二、实验内容

在 Flash 中制作地球自转的遮罩动画，如图 5-13 所示。制作好的动画以"地球自转动画.swf"为文件名保存在 D 盘或指定的文件夹下。

图 5-13   地球自转动画

三、实验过程和步骤

1. 启动 Flash 软件。

选择"开始/所有程序/Flash"命令，即可进入 Flash 操作界面。

2. 创建一个普通图层，单击菜单"文件/导入/导入到舞台"命令，导入一幅全景地图图像。将图片左边对准中心点位置，在 30 帧处插入关键帧，将图片右边对准中心点位置，设置运动补件动画，如图 5-14 所示。

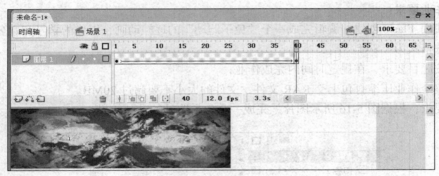

图 5-14   运动补间动画

3. 在选中的普通图层的上边创建一个新的普通图层，在新建的图层上的中心位置绘制圆形，以便作为遮罩层的显示区域。

4. 将鼠标指针移到遮罩层的名字处，单击鼠标右键，弹出图层快捷菜单，单击"遮罩层"命令。此时，选中的普通图层的名字会向右缩进，表示已经被它上面的遮罩层所关联，成为被遮罩图层，如图 5-15 所示。

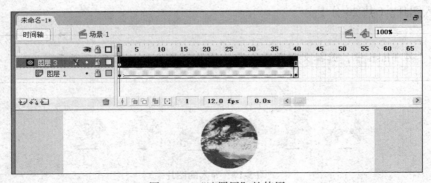

图 5-15   "遮罩层"的使用

在建立遮罩层后，Flash 会自动锁定遮罩层和被它遮盖的图层，如果需要编辑遮罩层，应先解锁，解锁后就不会显示遮罩效果了。如果需要显示遮罩效果，须要再锁定图层。

如果取消被遮盖的图层与遮罩层的关联，可以选中被遮罩的图层，然后选中"图层属性"对话框中的"一般"单选项。

综合设计题 1   Flash 逐帧动画制作

学号：_____ 姓　名：_____ 成　绩：_____

班级：_____ 课程号：_____ 任课教师：_____

题号	1	2	3	4	合计
得分					

综合作业要求：

（1）使用 Flash 创建并编辑完成一个"兔子跑动"的逐帧动画，以你的学号和姓名为文件名保存，文件格式为*.Swf；

（2）按题目要求，在规定时间内完成作业；

（3）整个作业压缩打包上交 RAR 文件，文件的大小不要超过 20MB。

题目要求：根据图 5-16 所示图片，完成一个兔子跑动的动画效果。

图 5-16　动画效果

1. 导入图片。（共 20 分）

 在 Flash 中，选择文件菜单，导入图片到舞台，如图 5-17 所示。

图 5-17　导入的图片

2. 图片分离。(共 30 分)

在 Flash 中, 将导入的图片打散, 选择菜单"修改/分离"命令, 分离图片, 用选取工具选取一幅图片后, 单击复制, 选择"插入/新建元件"命令, 在新建元件中建一个图形元件, 将图片粘贴到窗口中。以此类推, 制作完成 6 个兔子元件, 放在库中。

3. 创建帧。(共 30 分)

在 Flash 中, 将库中图形元件拖入时间轴上, 如图 5-18 所示。

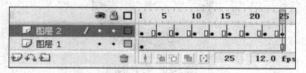

图 5-18 插入帧

4. 调整兔子跑动速度。(共 20 分)

在 Flash 中, 增加或减少时间轴上的普通帧数量。

综合设计题 2　Flash 遮罩动画制作

学　号：_____　姓　名：_____　成　绩：_____

班　级：_____　课程号：_____　任课教师：_____

题号	1	2	3	4	5	合计
得分						

综合作业要求：

（1）使用 Flash 创建并编辑完成一个"滚动图像"的遮罩动画, 以你的学号和姓名为文件名保存, 文件格式为*.Swf;

（2）按题目要求, 在规定时间内完成作业;

（3）整个作业压缩打包上交 RAR 文件, 文件的大小不要超过 20MB。

题目要求：根据图 5-19 所示图片, 完成一个图片只在圆环内滚动显示的动画效果。

图 5-19 图片样张

1. 制作彩色圆环。（共 20 分）

 提示　　使用椭圆工具、选择工具，进行对象组合与分离、对象的对齐操作，如图 5-20 所示。

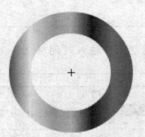

图 5-20　彩色圆环

2. 彩色圆环不停地自转。（共 25 分）

 提示　　元件、属性（补间动画、旋转顺时针），如图 5-21 所示。

图 5-21　运动的彩色圆环

3. 被遮罩层素材导入与排列。（共 15 分）

 提示　　库、元件、实例，对象对齐与缩放，如图 5-22 所示。

图 5-22　被遮罩层素材

4. 创建遮罩层。（共 25 分）

 提示　　遮罩与被遮罩的实现。

5. 在圆环内滚动显示的动画效果。(共 15 分)

提示

动画图层与帧运用的关系,如图 5-23 所示。

图 5-23 动画效果

第6章
"Photoshop 图像处理软件"实验

实验 1　图像选取和渐变填充

一、实验目的

1. 掌握 Photoshop 图像的选取。
2. 掌握渐变填充工具的使用。
3. 掌握图层的使用。

二、实验内容

利用 Photoshop CS5 软件制作一个不锈钢管十字型效果，如图 6-1 所示。制作好的图像保存在 D 盘或指定的文件夹下。

图 6-1　不锈钢管十字型

三、实验过程和步骤

1. 启动 Photoshop CS5 软件。依次选择"开始/程序/Adobe Photoshop CS5"命令，进入 Photoshop CS5 主界面。

2. 新建一个文件，在窗口中用矩形选取工具绘制一个矩形；选取椭圆工具，在工具选项栏中选择■"添加一个选区"，绘制一个椭圆，按住"空格键"调整椭圆位置到矩形下方。同样，选取椭圆工具，在工具选项栏中选择▣"减去一个选区"，绘制一个椭圆，按住"空格键"调整椭圆位置到矩形上方，如图 6-2 所示。

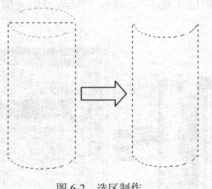

图 6-2 选区制作

3. 使用渐变色填充工具可以设置填充颜色的渐变效果，单击 "渐变色填充工具"后，在"渐变色填充"选项卡中设置"线性渐变"，如图 6-3 所示。

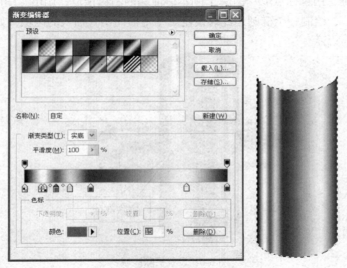

图 6-3 设置渐变填充效果

4. 绘制一个椭圆选区，按住空格键调整椭圆位置到图像顶部，反向渐变填充椭圆，如图 6-4 所示。

图 6-4 钢管颜色填充效果

5. 复制"图层 1"为"图层 1 副本"，选取"编辑/自由变换"命令，变换"图层 1 副本"，如图 6-5 所示。

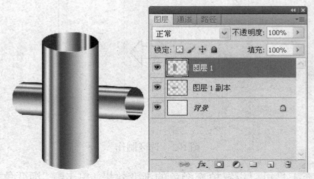

图 6-5　复制与自由变换图像

6. 按住 Ctrl 键，用鼠标点取"图层 1 副本"前端的图像预览，调出"图层 1 副本"选区，选择▣"选区相交"，绘制一个椭圆，此时设定了一个横向钢管插入的区域，如图 6-6 所示。

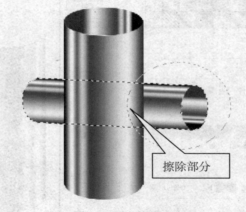

擦除部分

图 6-6　设置擦除区域

7. 选取"图层 1"后，用橡皮擦擦除选区中的部分，完成效果如图 6-1 所示。

实验 2　图层蒙版和图层样式

一、实验目的

1. 掌握 Photoshop 图像的魔棒选取。
2. 掌握 Photoshop 图像蒙版和样式的使用。
3. 掌握 Photoshop 艺术文字的处理。

二、实验内容

利用 Photoshop CS5 软件制作"贺年画"，其效果如图 6-7 所示，制作好的贺年画以"贺年画.jpg"

文件保存在 D 盘或指定的文件夹下。

图 6-7 "贺年画"效果样张

三、实验过程和步骤

1. 启动 Photoshop CS5 软件。

依次选择"开始/程序/Adobe Photoshop CS5"命令,进入 Photoshop CS5 主界面。

2. 创建一个新图像文件。

(1)单击菜单栏中的"文件/新建"命令,在弹出的"新建"对话框中设置各项参数,文件名称设为"贺年画",如图 6-8 所示。

(2)单击"好"按钮,创建一个新的图像文件,即"贺年画.jpg"文件。

3. "贺年"文字选区的选取与修饰。

(1)单击菜单栏中的"文件/打开"命令,打开指定的"素材"文件夹中的"贺年.jpg"图像文件,如图 6-9 所示。

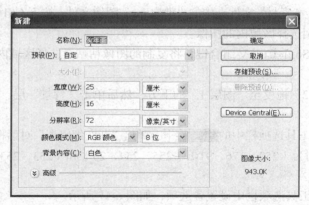

图 6-8 "新建"对话框

图 6-9 "贺年.jpg"图像文件

（2）选择工具箱中的魔棒工具✎，在工具选项栏中设置各项参数，如图6-10所示。

图6-10　魔棒工具选项栏

（3）在画面中的"贺"字上单击鼠标，创建一个选择区域，将"贺"字选中，然后将选择区域拖曳至"贺年画"图像窗口中，如图6-11所示。

（4）在"图层"面板中单击🔲按钮，创建一个新图层"图层1"。

（5）设置前景色为红色，按Alt+Del组合键填充前景色，再按Ctrl+D组合键取消选择区域，则图像效果如图6-12所示。

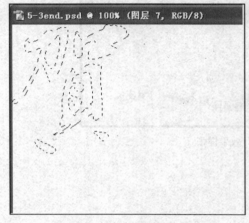

图6-11　"贺年画"图像窗口　　　　　　　　　图6-12　图像效果

（6）激活"贺年.jpg"图像窗口，按Ctrl+D组合键取消选择区域。

（7）使用魔棒工具✎在画面中单击"年"字，创建一个选择区域，将"年"字选中，并将选择区域拖曳至"贺年画"图像窗口中。

（8）单击菜单栏中的"选择/变换选区"命令，为选择区域添加变形框，按住Shift键的同时拖曳变形框任意一角的控制点，等比例缩小选择区域，如图6-13所示。

（9）按Enter键确认变换操作，再按Alt+Del组合键填充前景色（红色），然后按下Ctrl+D组合键取消选择区域。

（10）参照前面的操作方法，打开指定"素材"文件夹中的"鞭炮.jpg"图像文件，按下Ctrl+A组合键全选图像，再按Ctrl+C组合键复制选择区域内的图像。

（11）激活"贺年画"图像窗口，按Shifi+Ctrl+V组合键，将复制的图像粘贴至选择区域内，图像效果如图6-14所示。

（12）在"图层"面板中，将"图层2"拖曳至"图层1"的下方，然后单击"背景"层，使其成为当前图层，如图6-15所示。

（13）选择工具箱中的▬▬工具，单击工具选项栏中的▬▬▬▬▬，弹出"渐变编辑器"对话框，设置渐变条下方3个色标的RGB值分别为（250，176，91）、（255，254，25）和（253，253，201），如图6-16所示。

（14）单击"好"按钮，然后在渐变工具选项栏中设置各选项，如图6-17所示。

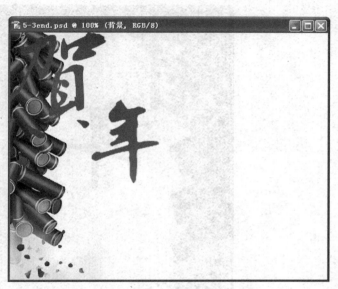

图 6-13 "贺年画"图像窗口

图 6-14 图像效果

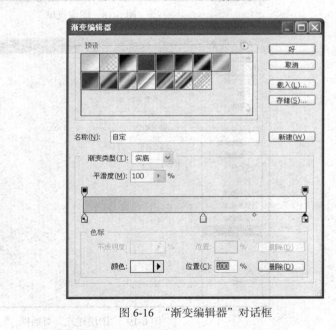

图 6-15 "图层"面板

图 6-16 "渐变编辑器"对话框

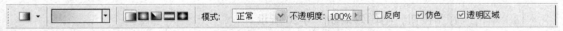

图 6-17 渐变工具选项栏

（15）按住 Shift 键的同时在画面中由上向下垂直拖曳鼠标，填充渐变色，图像效果如图 6-18 所示。

（16）在"图层"面板中单击"图层 1"，使其成为当前图层。

（17）单击菜单栏中的"图层/图层样式/描边"命令，弹出"图层样式"对话框，设置描边色为白色，并设置其他各项参数，如图 6-19 所示。

图 6-18　图像效果

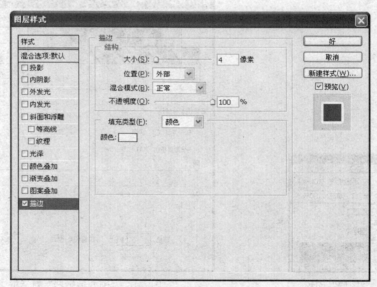

图 6-19　"图层样式"对话框

（18）单击"好"按钮，图像效果如图 6-20 所示。

4. 创建背景纹饰效果。

（1）在"图层"面板中创建一个新图层"图层 3"，将该层拖曳至"图层 2"的下方。

（2）用前面介绍的同样方法，打开指定的"素材"文件夹中的"剪纸. bmp"图像文件。

（3）选择工具箱中的魔棒工具 ，在画面中的黑色纹饰上单击鼠标，创建选择区域，如图 6-21 所示。

（4）在"路径"面板中单击 按钮，将选择区域转换为工作路径，然后将"工作路径"拖曳至"贺年画"图像窗口中。

図 6-20　图像效果　　　　　　　　　　图 6-21　创建纹饰的选择区域

（5）按 Ctrl+T 组合键添加变形框，然后按住 Shift 键的同时拖曳变形框任意一角的控制点，等比例放大路径，并逆时针旋转路径，如图 6-22 所示。

（6）按 Enter 键确认变换操作。

（7）在"路径"面板中单击 按钮，将路径转换为选择区域。

（8）单击菜单栏中的"选择/修改/平滑"命令，在弹出的"平滑选区"对话框中设置参数，如图 6-23 所示。

图 6-22　放大并旋转路径　　　　　　　图 6-23　"平滑选区"对话框

（9）单击"好"按钮，平滑选择区域，然后按 Alt+Del 组合键填充前景色（黑色），图像效果如图 6-24 所示。

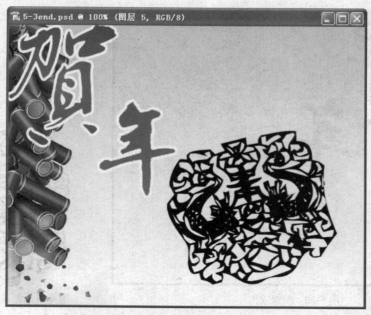

图 6-24　图像效果

（10）按 Ctrl+D 组合键取消选择区域。

（11）单击菜单栏中的"图层/图层样式/渐变叠加"命令，弹出"图层样式"对话框，单击 ┃▾ 按钮，打开"渐变编辑器"对话框，设置渐变条下方 3 个色标的 RGB 值分别为（255，254，25）、（250，176，91）和（255，254，25），如图 6-25 所示。

（12）单击"好"按钮，然后在"图层样式"对话框中设置各项参数，如图 6-26 所示。

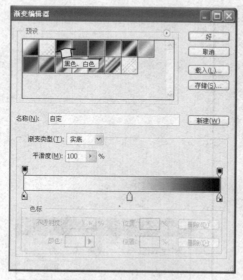

图 6-25　"渐变编辑器"对话框

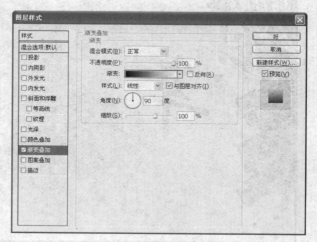

图 6-26　"图层样式"对话框

5. 设置渐变效果。

（1）再次打开指定的"素材"文件夹中的"新年画.jpg"图像文件，使用工具箱中的移动工具，将其中的图像拖曳至"贺年画"图像窗口，调整其适当位置，如图 6-27 所示。

图 6-27 "贺年画"图像窗口

（2）在"图层"面板中单击 按钮，添加图层蒙版，如图 6-28 所示。

（3）选择工具箱中的渐变填充工具 ，单击工具选项栏中的 ，在弹出的"渐变编辑器"对话框中设置渐变色为"黑到白"，如图 6-29 所示。

图 6-28 图层面板

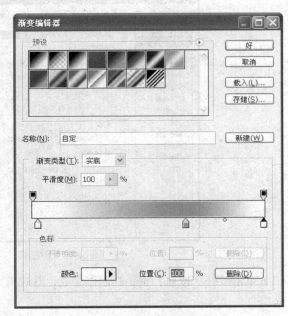

图 6-29 "渐变编辑器"对话框

（4）单击"好"按钮，然后在按住 Shift 键的同时在画面中由上向下垂直拖曳鼠标，使图像产生渐变效果，如图 6-30 所示。

6. 在画面中输入文字。

（1）在"图层"面板中创建一个文字图层，输入文字"Happy New Year"，选择文本选项栏中的 工具，给文字做变形处理，如图 6-31 所示。

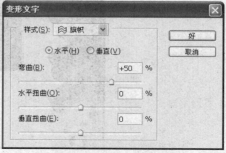

图 6-30　图像渐变效果

图 6-31　"变形文字"对话框

（2）选中文字层，单击菜单栏中的"图层/图层样式"命令，在弹出的"图层样式"对话框中设置"投影"和"斜面浮雕"参数，如图 6-32 所示。

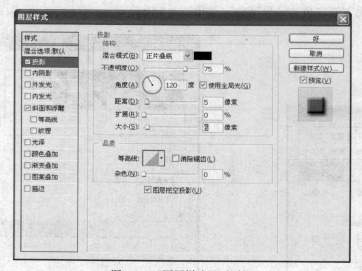

图 6-32　"图层样式"对话框

（3）单击"好"按钮，贺年画制作完成，其效果如图 6-7 所示。

实验 3　图像色彩艺术化

一、实验目的

1. 掌握 Photoshop 图像的色彩模式。
2. 掌握 Photoshop 图像通道概念。

3. 学会图像着色。

二、实验内容

利用 Photoshop CS5 软件制作一个 "红花变蓝花" 的效果,制作好的 "红花变蓝花" 图像保存在 D 盘或指定的文件夹下。

三、实验过程和步骤

1. 启动 Photoshop CS5 软件。

依次选择 "开始/程序/Adobe Photoshop CS5" 命令,进入 Photoshop CS5 主界面。

2. 打开 "红花图片",如图 6-33 所示。

3. 选择 "图像/调整/色相饱和度" 命令,在 "色相饱和度" 对话框中,将 "全图" 下拉列表改为 "红色" 通道,向左拖动 "色相" 滑块,直到红色完全被蓝色替换,如图 6-34 所示。

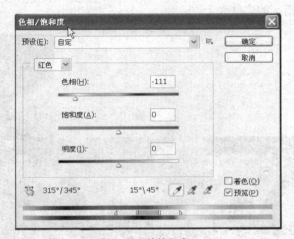

图 6-33 红花图片　　　　　　　　　　　　　图 6-34 替换红色

4. 再次选择 "洋红" 通道,向左拖动 "色相" 滑块,直到图像中的洋红色完全被替换,如图 6-35 所示。

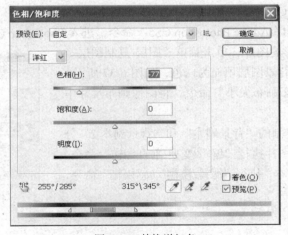

图 6-35 替换洋红色

5. 完成后单击"确定"按钮，保存图片。

实验 4　滤镜的使用

一、实验目的

1. 掌握图像中滤镜的使用。
2. 掌握 Photoshop 图像大小和尺寸的设置。

二、实验内容

利用 Photoshop CS5 软件制作一个水中倒影的效果，如图 6-36 所示，制作好的作品保存在 D 盘或指定的文件夹下。

图 6-36　实现"水中倒影"效果

三、实验过程和步骤

1. 启动 Photoshop CS5 软件。
依次选择"开始/程序/Adobe Photoshop CS5"命令，进入 Photoshop CS5 主界面。

2. 打开要制作倒影的图片，单击菜单"图层/复制图层"命令，复制两次，并将背景图层填充为白色，如图 6-37 所示。

3. 单击菜单"图像/画布大小"命令，将图像画布尺寸中高度增加一倍。

4. 用移动工具将复制的"背景副本"和"背景副本 2"分别上下移动，对下方的图片执行"编辑/变换/垂直翻转"命令。

5. 对倒影"背景副本"执行"滤镜/模糊/动感模糊"命令，如图 6-38 所示。

图 6-37　复制图层

图 6-38 动感模糊设置

6. 对倒影 "背景副本" 执行 "滤镜/扭曲/波纹" 命令,使倒影层产生 "波纹" 效果。

7. 用椭圆工具创建一个椭圆,对选区执行 "滤镜/扭曲/水波" 命令,使倒影产生水波。

8. 对倒影 "背景副本" 执行 "图层/调整/色阶" 命令,加深倒影色调深度,如图 6-39 所示。

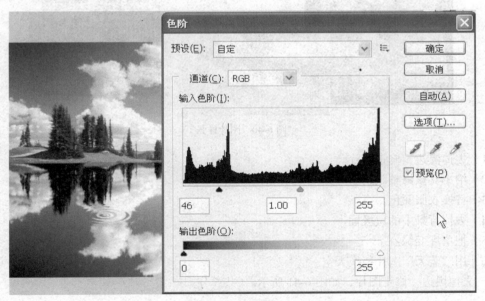

图 6-39 调整倒影色调

9. 最后拼合图层,用模糊工具修饰两层的交接处,完成作品。

综合设计题　Photoshop 修饰并美化图片

学号：_____ 姓　名：_____ 成　绩：_____

班级：_____ 课程号：_____ 任课教师：_____

题号	1	2	3	4	5	6	合计
得分							

综合作业要求：

（1）用 Photoshop 修饰并美化一个图片，并以你的学号和姓名为文件名保存；

（2）按题目要求，在规定时间内完成作业；

（3）整个作业压缩打包上交 RAR 文件，文件的大小不要超过 20MB。

题目要求： 根据图 6-40 所示提供的"图片样张"，完成下列操作。

图 6-40　图片样张

（1）去掉黑边，修正图片。

（2）给小女孩修整眼睛。

（3）替换衣服颜色。

（4）去掉背景中的垃圾桶。

（5）把草坪变绿。

（6）用"蓝天"图片替换天空。

1. 去掉黑边，修正图片，如图 6-41 所示。（共 5 分）

提示　裁切工具和 Enter 键配合使用。

图 6-41 修正图片

2. 给小女孩修整眼睛，如图 6-42 所示。（共 20 分）

图 6-42 修整眼睛

 使用选择类工具，选择框类，设定羽化值，使用变换和移动工具。

3. 替换衣服颜色。（共 20 分）

 部分选取、图像修饰和图像色彩调整中"颜色替换"选项的使用。

4. 去掉背景垃圾桶。（共 20 分）

 使用替换图章工具和模糊画笔工具。

5. 把草坪变绿。（共 15 分）

 图像色彩调整中"色相/饱和度"及其颜色的使用。

6. 用"蓝天"图片替换天空。（共 20 分）

 图层选项板和多图层操作，使用模糊画笔工具。

第7章

"计算机网络技术及 Internet 应用"实验

实验 1　Windows 网络环境和共享资源

一、实验目的

1. 掌握查看计算机上网络环境信息的方法。
2. 掌握标识计算机的方法。
3. 掌握 Windows 共享资源的设置和使用。

二、实验环境与设备

每组需有集线器（Hub）或交换机一台，制作好的双绞网线若干条，两台以上已安装好以太网卡和驱动程序的计算机。

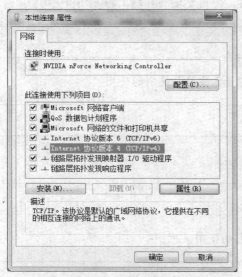

图 7-1　"本地连接 属性"对话框

三、实验内容及步骤

首先用双绞线将计算机通过以太网卡上的接口连接到集线器或交换机上。

1. 查看计算机上网络环境信息。

查看自己使用的计算机上所安装的协议，配置计算机的 IP 地址、子网掩码、网关地址、域名服务器等信息。

操作步骤如下。

（1）打开"控制面板"中的"网络和共享中心"标签，选择"更改适配器设置"，打开"本地连接 属性"对话框，如图 7-1 所示。

（2）选择"Internet 协议（TCP/IP）"复选框，单击"属性"按钮，打开"Internet 协议（TCP/IP）属性"对话框，如图 7-2 所示。

（3）配置并记录本台计算机的 IP 地址、子网掩码、网关和 DNS 地址。

2. 使用 ipconfig.exe 程序检查你所使用的计算机上安装的网卡的 IP 信息。

（1）单击"开始"按钮，在搜索栏中键入"cmd"，如图 7-3 所示。或选择"开始/所有程序/附件/命令提示符"命令也可完成此操作。

图 7-2 "Internet 协议（TCP/IP）属性"对话框   图 7-3 "运行"对话框

（2）在弹出的"运行"对话框中键入"ipconfig"，即可得到你所使用的计算机上安装网卡的 IP 信息，如图 7-4 所示。

图 7-4 网卡的 IP 信息

（3）记录网卡的 IP 信息，即网卡地址、子网地址和网关地址。

本实验要求计算机上必须安装有网卡。

3. 标识计算机。

标识计算机的目的是给网络中的每台计算机起一个独立的名称，以便于在网络中互访。网络协议按照"计算机名"来识别网络中的各个计算机。当其他用户浏览网络时，他们可以看到该计算机的名称。要求写出本地计算机在网络上的名称和所属的工作组名称。

操作步骤如下。

（1）打开"控制面板"中的"系统"图标，如图7-5所示。

图7-5 "系统"对话框

单击"更改设置"按钮，在"计算机名"选项卡中设置计算机在网络上的名称标识。单击图7-6所示对话框中的"更改"按钮，打开"计算机名称更改"对话框，如图7-7所示。可在"隶属于"选项区域的"域"文本框中键入要加入的域的名称，或在"工作组"文本框键入要加入的工作组的名称。

图7-6 "系统属性"对话框

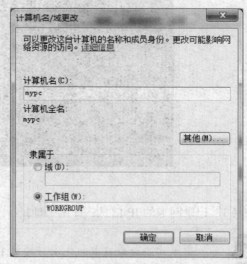

图7-7 "计算机名称"对话框

（2）"计算机名"选项卡中的"计算机描述"文本框用于输入用户的计算机的名称，以区别于网络上的其他计算机。输入的计算机名称不得有空格，字符数不要超过15个。计算机名称必须是唯一的，网络中不能有同名计算机。家庭用户可以输入自己的姓名。

（3）"计算机名称更改"对话框中的"工作组"文本框用于输入当前计算机所在的工作组。经常建立联系的计算机应标识为同一工作组以方便交换数据。"工作组"标识字符数不要超过 15 个。

 "计算机名"可以由用户来确定，而"工作组名"建议由网络系统管理员统一规划确定，以便于网络的运行维护。

4. 设置共享文件夹。

在本地的计算机 D 盘根目录下建立名为"共享文件夹"的文件夹，并从当前硬盘中任意选择一个 PPT 文件、一个 Word 文档和一个文本文件复制到所建立的文件夹内。

要求"共享文件夹"中出现的文件能被网上所有用户访问，但不允许其他用户增加、更改或删除其中的内容。

操作步骤如下。

（1）使用"Windows 资源管理器"建立名为"共享文件夹"的文件夹，并复制相应的文件到文件夹内。

（2）选中"共享文件夹"，选择单击鼠标右键，从快捷菜单中选择"属性"对话框，选择"共享"选项卡，如图 7-8 所示。

（3）单击"共享"选项卡中的"共享"按钮，并输入共享名为"共享文件夹"，并单击"确认"按钮。

5. 设置共享打印机。

（1）在"控制面板"窗口中，双击"设备和打印机"图标，打开"设备和打印机"窗口。如图 7-9 所示。

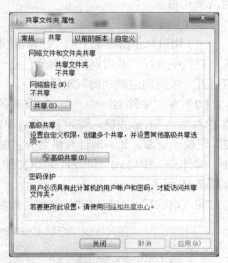

图 7-8 "共享文件夹属性"对话框

图 7-9 "设备和打印机"窗口

（2）用鼠标右键单击要共享的打印机图标，从快捷菜单中选择"打印机属性"，在弹出的对话框中设置，如图 7-10 所示。

6. 添加网络打印机。

选择"开始/设备和打印机"命令，单击工具栏中的"添加打印机"按钮，选择添加网上的打印机，并添加到自己的计算机内。

7. 将"共享文件夹"映射成驱动器。

将网络共享驱动器（或共享文件夹）设置为本地计算机上的驱动器盘符，称为映射网络驱动器。

操作步骤如下。

（1）用鼠标单击桌面上的"计算机"图标，从工具栏中选择"映射网络驱动器"命令，即可打开"映射网络驱动器"对话框。

（2）在"文件夹"中，以"\\资源的服务器名\共享名"的形式键入资源名。或者单击"浏览"定位该资源，如本地计算机名为"WZH"，在"文件夹"中输入"\\WZH\共享文件夹"，如图 7-11 所示。

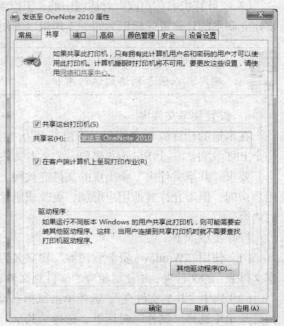

图 7-10 "共享"选项卡

完成设置后，重新启动计算机，局域网内的计算机则可以共享该资源。

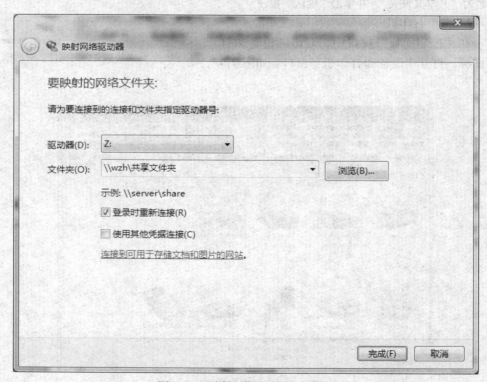

图 7-11 "映射网络驱动器"对话框

实验 2　IE 浏览器和信息检索

一、实验目的

1. 掌握 IE 浏览器的使用方法。
2. 掌握常用搜索引擎的使用和信息检索。
3. 掌握整个网页、网页中图片和网页中文字的保存方法。

二、实验环境与设备

已经接入 Internet 并安装好浏览器的计算机一台。

三、实验内容及步骤

1. 设置 IE 浏览器的启动主页。

要求将浏览器的启动主页设置为所在学校校园网主页。

操作方法如下：启动 IE 浏览器，通过选择"工具-Internet 选项"命令，打开"Internet 选项"对话框，在"主页"文本框输入学校校园网的网址。

2. 用 URL 直接连接网站浏览主页。

要求接入"新浪网"的首页，新浪网的网址为 www.sina.com.cn。

可直接在浏览器窗口的地址栏输入 www.sina.com.cn。

3. 搜索引擎的使用。

操作要求如下。

（1）通过"新浪网"主页内的搜索引擎查找提供 flash 的网站。

在新浪网主页的搜索框内输入"flash"，单击"搜索"按钮。

（2）通过"百度（www.baidu.com）"查找网上提供免费音乐的网站。

打开百度主页，在搜索框内输入条件"免费　音乐网站"，单击"百度一下"按钮即可。

4. 保存整个网页。

要求保存百度搜索引擎所查找到的免费音乐网站的信息。

在 IE 浏览器中，执行"文件/另存为"命令，打开"保存网页"对话框，在"保存类型"下拉列表框中选择"网页，全部（*.htm；*.html）"选项。

5. 保存网页中的图片。

要求保存"新浪"网主页上的标志性图片。

在 IE 浏览器中，用鼠标右键单击要保存的图片，弹出快捷菜单，选择"图片另存为"命令，打开"保存图片"对话框，指定保存位置和文件名即可。

6. 保存网页中的文字。

如果要保存网页中的全部文字，保存方法与保存整个网页类似。在 IE 浏览器中选择保存类型为"文本文件（*.txt）"即可。

如果只保存网页中的部分文字，先选定要保存的文字，用鼠标右键单击所选定的文字，弹出快捷菜单，选择"复制"命令，将信息存入剪贴板。启动"记事本"程序，再将剪贴板中的信息粘贴到"记事本"中，最后用"记事本"中的"另存为"命令保存到文件。

实验3　收发电子邮件

一、实验目的

1. 掌握申请 126 免费邮箱的方法。
2. 掌握免费 QQ 账号的申请方法。
3. 掌握使用 QQ 电子邮箱接收、发送电子邮件。

二、实验环境与设备

已接入 Internet 并安装好腾讯 QQ2011 版以上软件的计算机一台。

三、实验内容及步骤

1. 申请免费邮箱。

要求申请网易 126 免费邮箱。

操作步骤如下（下面的步骤随网站的更新可能不一样，但基本的操作步骤都差不多）。

（1）进入 www.126.com 的免费邮箱登录的申请页面，如图 7-12 所示。

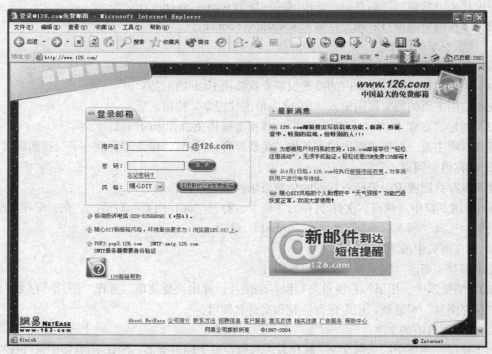

图 7-12　网易 126 免费邮箱登录申请页面

（2）单击"注册新的 250M 免费邮箱"按钮，进入下一页面，查看服务条款和规定，当确认"同意"这些条款和规定后，进入下一页面，如图 7-13 所示。

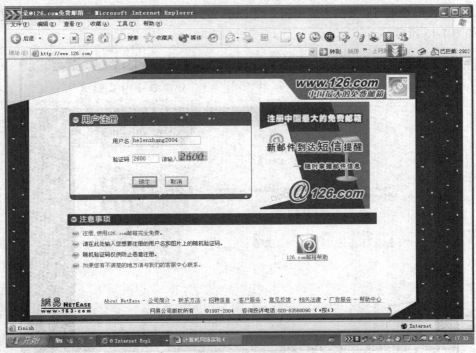

图 7-13 输入用户名和验证码

（3）输入申请的邮箱用户名（账号）和验证码，假定为 helenzhang2004，单击"确定"按钮，进入下一页面，如图 7-14 所示。

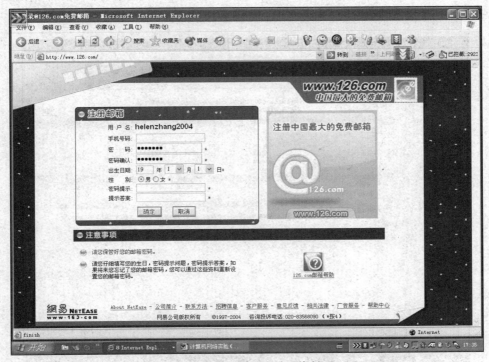

图 7-14 填写密码及个人资料

（4）设置密码及填写必要的个人资料，假定密码为 helen2004。单击"确定"按钮，进入下一页面，如图 7-15 所示。

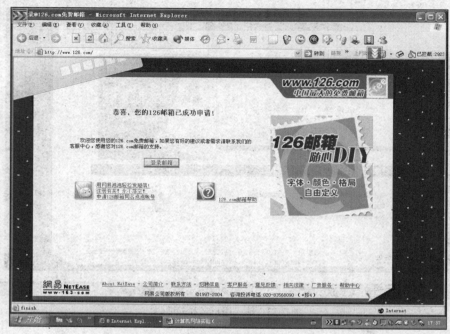

图 7-15　注册成功

（5）若注册成功，当前网页则告知"恭喜，您的 126 邮箱已成功申请!"表示申请人已在 126 邮箱上拥有了一个免费邮箱，进入邮箱页面，如图 7-16 所示。

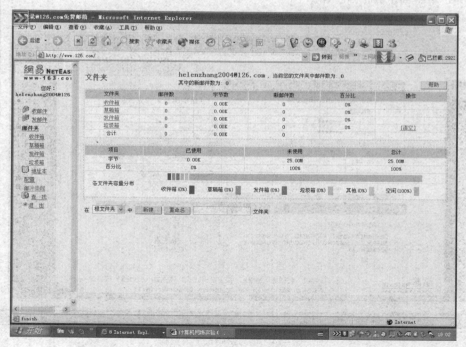

图 7-16　网易 126 邮箱页面

2. 免费 QQ 账号的申请方法。

要求申请一个腾讯免费 QQ 号码，并利用该号码登录 QQ，使用 QQ 进行信息交流。

操作步骤如下。

（1）使用一种搜索引擎，如"Google"，进入 QQ 免费账号申请页面，如图 7-17 所示。

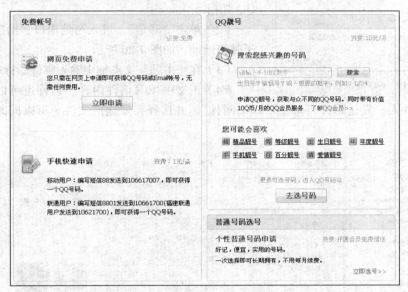

图 7-17　QQ 免费账号申请

（2）按界面提示，单击"立即申请"，再单击"QQ 号码"选项，填写信息，如图 7-18 所示。

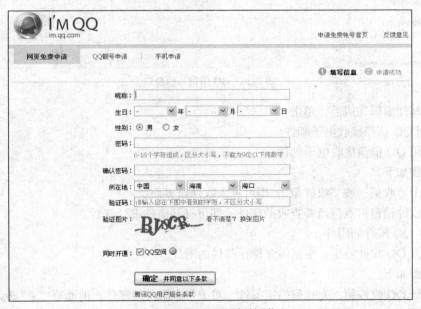

图 7-18　QQ 账号申请填写信息

（3）申请成功后，启动 QQ 软件并用申请的 QQ 号登录，QQ 登录界面如图 7-19 所示。

（4）登录后加入相应好友，可进行在线交流或发送信息。

图 7-19　QQ 登录界面

3. 使用 QQ 信箱发送电子邮件。

要求利用 QQ 信箱发送电子邮件。

操作步骤如下。

（1）单击 QQ 窗口上部分的 "QQ 邮箱" 图标，打开 QQ 邮箱。

（2）单击 "写信"，进入写信窗口，给出收件人的电子邮箱地址，如图 7-20 所示。

（3）在 "主题" 文本框中输入邮件的标题。

（4）正文中填写信件内容。信件也可以用文件附件形式发给收件人。发送附件可单击 "添加附件"，并选择要发送的文件（可以同时添加多个附件）。

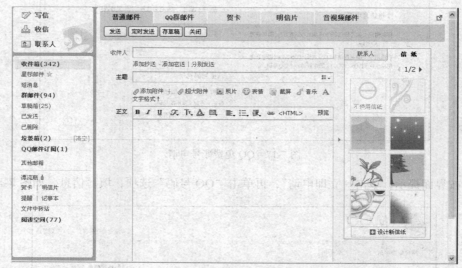

图 7-20　QQ 信箱写信窗口

（5）当邮件编辑完成后，单击 "发送" 按钮。

4. 使用 QQ 信箱接收电子邮件。

要求利用 QQ 信箱接收电子邮件。

操作步骤如下。

（1）单击 "收信" 或 "收件箱"，即可进入收件箱界面。

（2）在收件箱窗口点选所要查收的信件，即可打开信件进行查看。

5. 保存 QQ 邮件的附件。

要求打开 QQ 收件箱后，根据需要保存邮件的附件。

操作步骤如下。

（1）打开 QQ 收件箱，先找到指定邮件，对于带有附件的邮件，前面有 "@" 标志。

（2）打开该邮件，即可看到附件。

（3）根据需要可对附件进行 "下载" "打开" 和 "预览"。将附件下载到指定地方即可保存了。

6. 清理 QQ 信箱。

要求对不需要保留的信件，进行及时删除，以免造成不必要的空间浪费。

操作步骤如下。

（1）打开收件箱，钩选要删除的邮件前面的复选框。

（2）根据需要单击"删除"或"彻底删除"按钮，即可删除选中的邮件。

实验 4 文件传输和文件下载

一、实验目的

1. 掌握使用 CuteFTP 进行文件传输的方法。

2. 掌握使用 FlashGet 下载文件的方法。

3. 掌握使用 QQ 进行文件发送和下载的方法。

二、实验环境与设备

在本地计算机中安装 CuteFTP 软件和 IE 浏览器。

三、实验内容及步骤

1. 使用 CuteFTP 客户端软件访问 FTP 站点。

要求以 CuteFTP5.0 XP 访问 ftp.tsinghua.edu.cn 站点（清华大学 FTP 服务器）。

操作步骤如下。

（1）通过搜索引擎将 CuteFTP5.0 XP 软件从网络下载到本地硬盘，并运行安装。

（2）启动 CuteFTP5.0 XP，单击站点管理器，选择"文件/新建站点"命令，并按图 7-21 所示方式，填写站点标签（下载文件）、FTP 主机地址（ftp.tsinghua.edu.cn），按匿名方式登录。

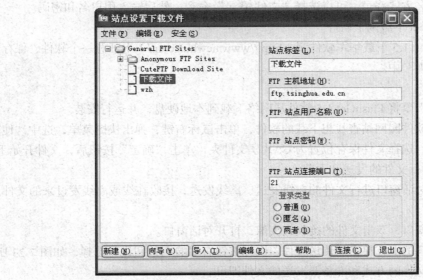

图 7-21 站点管理器

（3）单击"连接"按钮开始连接，连接成功后则进入图 7-22 所示界面。

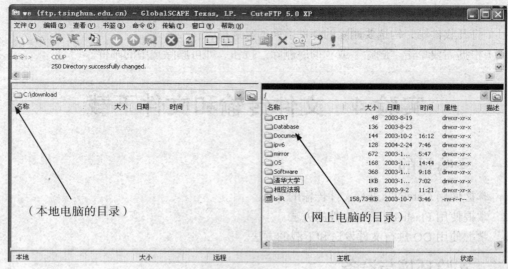

图 7-22　连接成功界面

　说明　　　上栏为状态栏，中左栏为你的本地硬盘，中右栏为你在清华大学 FTP 服务器上的目录。

用鼠标选取右栏文件，然后拖曳到左栏，便可下载文件。同样，如果对方服务器允许上传文件，则在左栏选取文件，然后拖曳到右栏，便可上传文件。

2. 使用 IE 浏览器进行 FTP 文件传输。

启动 IE 浏览器，在地址栏中输入 ftp:// ftp.tsinghua.edu.cn/，按回车键，即可登录清华大学的 FTP 服务器下载文件了。

如果需要非匿名方式登录，可以选择"文件/登录"命令，然后输入用户名和密码。

3. 使用 FlashGet 下载网上软件。

要求以 FlashGet 1.5 下载华军软件园（http://www.newhua.com/）上任意一个软件，保存到本地硬盘"共享文件夹"中。

操作步骤如下。

（1）通过搜索引擎将 FlashGet 1.5 软件从网络下载到本地硬盘，并运行安装。

（2）登录华军软件园网站查找想下载的软件，单击鼠标右键，弹出快捷菜单，选中"使用网际快车下载"命令，选择文件保存位置为 C:\共享文件夹，单击"确定"按钮后，文件开始下载。

4. 使用 QQ 进行文件的发送和下载。

要求使用 QQ 对话窗口进行文件的在线发送、离线发送，接收在线或离线发过来的文件。

操作步骤如下。

（1）打开 QQ 窗口，双击文件的接收人头像，打开对话窗口。

（2）在对话窗口的上方单击"传送文件"图标按钮右端的 ▼ 按钮进行选择，如图 7-23 所示。

（3）选择发送文件的方式和准备要发送的文件即可。

（4）当有要接收的文件传来时，会在 QQ 对话窗口的右侧显示出文件的信息，可依情况选择"接收""另存为"或"拒绝"，如图 7-24 所示。

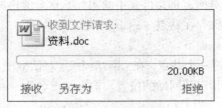

图 7-23 发送文件界面   图 7-24 QQ 接收文件

实验 5 网页设计与网页制作

一、实验目的

1. 掌握 FrontPage 站点的建立。
2. 掌握用 FrontPage 表格制作网页的方法。
3. 掌握 FrontPage 表格与单元格操作。

二、实验内容

1. 启动 FrontPage 2003 软件。

依次选择"开始/程序/Microsoft Office/Microsoft Office FrontPage 2003"命令，即可进入 FrontPage 工作界面。

2. 用表格制作网页。

表格在网页制作中起着非常重要的作用，绝大多数网站的网页都是以表格为主体制作的，表格在内容的组织、页面文本和图形的位置控制方面都起到了重要作用。

下面我们就用表格制作一张网页，该网页效果样张如图 7-25 所示。

图 7-25 网页样张效果

制作网页前，将文件夹中的图片素材全部拷贝到你的站点"e:\abc\images\"目录下。制作好的网页文件保存在站点"e:\abc"文件夹下。

具体操作如下。

（1）新建一个站点，在"网站模板"对话框中，选择"只有一个网页的站点"选项，如图7-26所示。在"指定新网站的位置"输入站点名称"e:\abc"，然后单击"确定"按钮。

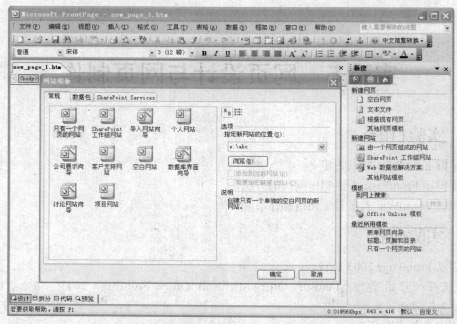

图7-26 "网站模板"对话框

（2）单击主页"index.htm"，打开首页面，选择表格插入按钮，拖出一个1行3列的表格，如图7-27所示。单击鼠标右键，选择表格属性，在弹出的"表格属性"对话框中对表格进行设定，设置表格宽度为800像素，边框粗细为0，单击"确定"按钮。

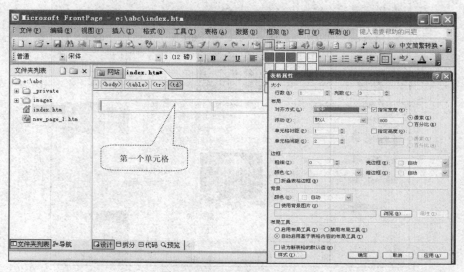

图7-27 "表格属性"对话框

（3）在第一个单元格中插入 "e:\abc\images\" 文件夹中的 "logo.gif" 文件，一般来说，一个网站会在页面的左上角放置网站的标志图片，通常称这个标志文件为 "logo"。

在第二个单元格中插入同目录下的 "date.gif" 文件。

在第三个单元格中插入同目录下的 "banner.gif" 文件，这个位置一般都放置一个动态的广告条，如图 7-28 所示。

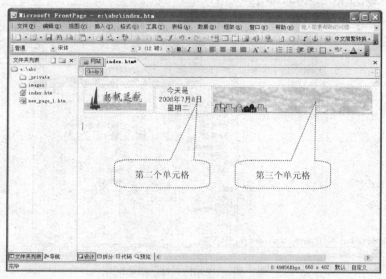

图 7-28　网站上的标志图片效果

（4）选中这 3 张图，将它们居中显示。将鼠标指针移到单元格的边框上，光标变为双箭头后，拖动边框线调整各个单元格的宽度。

（5）在表格下方，选择菜单栏中的 "插入/水平线" 命令，插入一条水平线，用鼠标右键在水平线上单击，选择 "属性" 命令，弹出 "水平线属性" 对话框，设置水平线宽度为 800 像素，水平线颜色为红色，如图 7-29 所示。

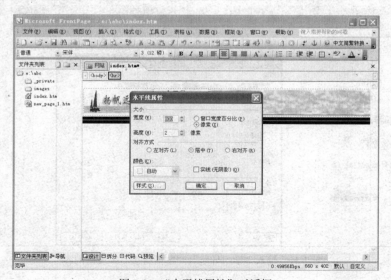

图 7-29　"水平线属性" 对话框

（6）在水平线下方插入一个1行4列的表格，输入导航栏文字：校园风光、学习生活、课件制作和抒情散文。设置导航栏单元格行跨距、单元格背景颜色等，如图7-30所示。

图7-30 "单元格属性"对话框

（7）在导航栏下方插入一个1行4列的表格，设置第一列单元格宽度为164像素，高度为480像素，并在第一列单元格内插入一个11行1列表格，分别输入"学习导航""友情链接"等内容，如图7-31所示。

图7-31 输入"学习导航"、"友情链接"等表格内容

（8）选中导航栏"抒情散文"下方的单元格，设置单元格宽度为500像素，插入一个4行2

列的表格，设置表格宽度为 100%，单元格间距为 5，边框粗细为 1，如图 7-32 所示。然后在同一单元格内连续复制该表格 3 次，如图 7-33 所示。

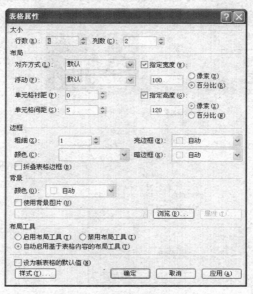

图 7-32 "表格属性" 对话框

图 7-33 表格复制与嵌套效果

（9）按样张所示 4 次合并单元格，设置单元格合并后的宽度，输入文字，导入图像，如图 7-34 所示。

（10）美化表格，选择不同表格和不同单元格，在属性对话框中设置自己喜欢的颜色，完成网页的整体效果，如图 7-35 所示。

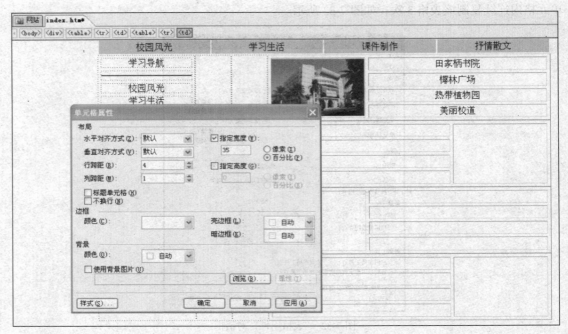

图 7-34 "单元格属性"对话框

图 7-35 网页的整体效果

综合设计题 1 MS Office 与信息检索（1）

学号：＿＿＿＿＿＿ 姓　名：＿＿＿＿＿＿ 成　　绩：＿＿＿＿＿＿

班级：＿＿＿＿＿＿ 课程号：＿＿＿＿＿＿ 任课教师：＿＿＿＿＿＿

题号	1	2	3	4	5	6	7	8	合计
得分									

综合作业要求：

（1）使用经典的搜索引擎按要求在网上搜索指定的信息，并使用 MS Office 办公软件设计并介绍“泸沽湖”和“中国古代四大发明”的相关内容；

（2）按题目要求，在规定时间内完成作业；

（3）整个作业压缩打包上交 RAR 文件，文件的大小不要超过 20MB。

题目要求如下。

1. 使用中文百度或者 Google 等搜索引擎，查找有关“泸沽湖”的页面信息，将页面信息保存在本地 D 盘或指定的文件夹下，取名为“泸沽湖.doc”。（共 10 分）

2. 使用中文百度或者 Google 等搜索引擎，在网上查找“泸沽湖” 的照片，另存为“luguhu.jpg”。

同时将这 2 个文件作业作为邮件附件，邮件发送到一个指定的邮箱内。（共 10 分）

3. 要求在本地 D 盘或指定的文件夹下打开文档文件“泸沽湖.doc”，按下列要求完成操作。（共 25 分）

（1）字符和段落格式化（根据图 7-36 所示的样式对文档进行编辑，要求基本一致）。

（2）设置页眉内容为“泸沽湖”，居右对齐。

（3）在页面的底部居中位置插入页码。

（4）设置纸型为 16 开，各边距为 2 厘米。

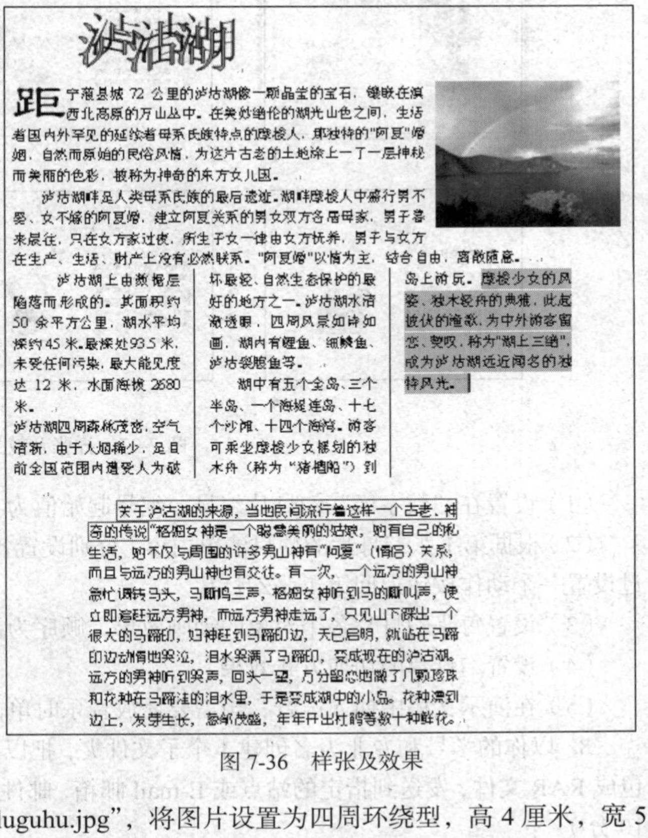

泸沽湖

距宁蒗县城 72 公里的泸沽湖像一颗晶莹的宝石，镶嵌在滇西北高原的万山丛中。在美妙绝伦的湖光山色之间，生活着国内外罕见的延续着母系氏族特点的摩梭人，那独特的"阿夏"婚姻，自然而原始的民俗风情，为这片古老的土地涂上一了一层神秘而美丽的色彩，被称为神奇的东方女儿国。

泸沽湖畔是人类母系氏族的最后遗迹。湖畔摩梭人中盛行男不娶、女不嫁的阿夏婚，建立阿夏关系的男女双方各居母家，男子暮来晨往，只在女方家过夜，所生子女一律由女方抚养，男子与女方在生产、生活、财产上没有必然联系。"阿夏婚"以情为主，结合自由，离散随意。

泸沽湖上由断层陷落而形成的。其面积约 50 余平方公里，湖水平均深约 45 米。最深处 93.5 米，未受任何污染，最大能见度达 12 米，水面海拔 2680 米。

泸沽湖四周森林茂密，空气清新，由于人烟稀少，是目前全国范围内遭受人为破坏最轻、自然生态保护的最好的地方之一。泸沽湖水清澈透眼，四周风景如诗如画，湖内有鲤鱼、细鳞鱼、泸沽裂腹鱼等。

湖中有五个全岛、三个半岛、一个海堤连岛、十七个沙滩、十四个海湾。游客可乘坐摩梭少女摇划的独木舟（称为“猪槽船”）到岛上游玩。摩梭少女的风姿、独木轻舟的典雅，此起彼伏的渔歌，为中外游客留恋、赞叹，称为"湖上三绝"，成为泸沽湖远近闻名的独特风光。

关于泸沽湖的来源，当地民间流行着这样一个古老、神奇的传说“格姆女神是一个聪慧美丽的姑娘，她有自己的私生活，她不仅与周围的许多男山神有“阿夏”（情侣）关系，而且与远方的男山神也有交往。有一次，一个远方的男山神急忙调转马头，马嘶鸣三声，格姆女神听到马的嘶叫声，便立即追赶远方男神，而远方男神走远了，只见山下踩出一个很大的马蹄印，妇神赶到马蹄印边，天已启明，就站在马蹄印边动情地哭泣，泪水哭满了马蹄印，变成现在的泸沽湖。远方的男神听到哭声，回头一望，万分留恋地撒了几颗珍珠和花种在马蹄洼的泪水里，于是变成湖中的小岛。花种漂到边上，发芽生长，葱郁茂盛，年年开出杜鹃等数十种鲜花。

图 7-36 样张及效果

4. 在文档的中央位置处插入图片“luguhu.jpg”，将图片设置为四周环绕型，高 4 厘米，宽 5 厘米。（共 5 分）

5. 根据自己的理解，在文档末尾设计一张表格（见表 7-1），标题为"中国各大城市一季度气温极值（℃）"。（共 10 分）

表 7-1　　　　　　　　　　　　　中国各大城市一季度气温极值（℃）

月份	最高/最低	北京	广州	上海	昆明	呼和浩特	天津	哈尔滨
一月	最高	1	18	6	7	−9	4	9
一月	最低	−10	13	0	2	−16	−3	−1
二月	最高	4	17	7	7	−5	4	10
二月	最低	−8	13	1	2	−13	−2	0
三月	最低	−1	16	2	9	−8	1	3
第一季度	最高		19	11		0	9	13
第一季度	最低		13	0		−16	−3	−1

6. 使用中文百度或者 Google 等搜索引擎，查找中国古代四大发明的相关介绍内容和一段快乐的音乐，并将各个部分的内容分别保存到指定的文件夹中。（共 10 分）

7. 以上述四大发明介绍文件中的内容创建演示文稿，介绍中国古代四大发明。演示文稿样张如图 7-37 所示。（共 20 分）

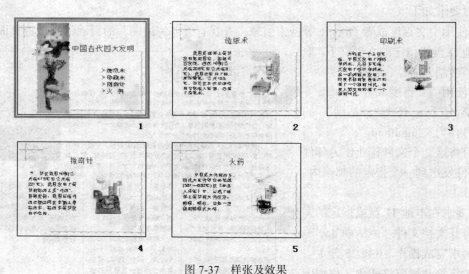

图 7-37　样张及效果

（1）设置在"数字区"幻灯片编号，编号起始值为 10。"页脚区"显示"四大发明"。

（2）根据第 1 张幻灯片的项目清单内容，分别设置各项目到 2～5 张幻灯片的超级链接，并通过设置一个动作按钮返回第 1 张幻灯片。

（3）设置每张幻灯片各个对象的动画效果，顺序为标题、文本、图片。

（4）设置幻灯片的切换方式效果。

（5）在演示文稿中插入声音，当需要播放音乐时单击此处，播放一段快乐的音乐。

8. 以你的学号和专业为名创建 1 个子文件夹，把以上 2 个文件拷贝到该文件夹中，并压缩打包成 RAR 文件，发送到指定的站点或 E-mail 邮箱，邮件主题为"MS Office 办公软件作业 1"。（共 10 分）

综合设计题 2 MS Office 与信息检索（2）

学号：_____ 姓　名：_____ 成　绩：_____

班级：_____ 课程号：_____ 任课教师：_____

题号	1	2	3	4	5	6	7	8	合计
得分									

综合作业要求：

（1）使用经典的搜索引擎按要求在网上搜索指定的信息，并使用 MS Office 办公软件设计并介绍"东郊椰林"和"美丽的海南"的相关内容；

（2）按题目要求，在规定时间内完成作业；

（3）整个作业压缩打包上交 RAR 文件，文件的大小不要超过 20MB。

题目要求如下。

1. 使用中文百度或者 Google 等搜索引擎，查找有关介绍"东郊椰林"的页面信息，将页面信息保存在本地 D 盘或指定的文件夹下，取名为"东郊椰林.doc"。（共 10 分）

2. 使用中文 Google 在网上查找"东郊椰林"和"大海风景"的照片，另存为"Coconut_photo.jpg"和"Sea_photo.jpg"。

同时将这 2 个文件作业作为邮件附件，邮件发送到一个指定的邮箱内。（共 10 分）

3. 使用中文 Google 查找我国海南岛的基本情况、风土人情和旅游天地等相关信息介绍，并分别保存到指定的文件夹中。（共 15 分）

4. 要求在本地 D 盘或指定的文件夹下打开文档文件"东郊椰林.doc"，按下列要求完成操作。（共 25 分）

（1）字符和段落格式化（根据图 7-38 所示的样式对文档进行编辑，要求基本一致）。

（2）进行合理的页面设置。

（3）设置页眉和页脚，页眉为"醉人的东郊椰林"，在页脚插入页码，居中对齐。

5. 在文档的适当位置处插入图片"Coconut_photo.jpg"，将图片设置为四周环绕型，高 6 厘米，宽 4 厘米。（共 5 分）

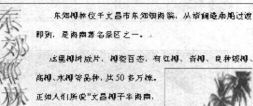
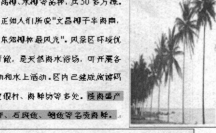

图 7-38　样张及效果

6. 根据如下提供的"表格样张"，在文档中插入如下表格并录入你的个人信息。（5分）

学生信息表

姓名		性别		
年龄		籍贯		照片
专业		政治面貌		
家庭住址				

7. 根据以上搜索出的海南岛的基本情况、风土人情和旅游天地等相关信息介绍，创建内容如下的演示文稿。演示文稿参照图7-39。（共25分）

1

2

3

4

图7-39　样张及效果

（1）设置"Sea_photo.jpg"为幻灯片背景。

（2）根据第1张幻灯片的项目清单内容，设置各项目到对应内容张幻灯片的超链接并相应地在第2～4张幻灯片上右下脚的小图片设置返回第1张幻灯片的超链接。

（3）设置日期和时间、页脚、页码。页脚内容为"美丽的海南岛"。

（4）设置各张幻灯片中所有对象的动画效果。

（5）设置各张幻灯片间的切换效果。

8. 以你的学号和专业为名创建一个子文件夹，把以上2个文件拷贝到该文件夹中，并压缩打包成RAR文件，发送到指定的站点或E-mail邮箱，邮件主题为"MS Office办公软件作业2"。（共10分）

综合设计题 3 信息检索与音乐网页制作

学　号：_____　姓　名：_____　成　绩：_____

班级：_____　课程号：_____　任课教师：_____

题号	1	2	3	4	5	合计
得分						

综合作业要求：

（1）使用经典的搜索引擎在网上搜索指定的信息，使用 FrontPage 设计并制作一个简单的中国流行音乐网；

（2）按题目要求，在规定时间内完成作业；

（3）整个作业压缩打包上交 RAR 文件，文件的大小不要超过 20MB。

题目要求如下。

1. 使用中文百度或者 Google 等搜索引擎，查找"中国教育和科研计算机网"的主页，将主页页面保存在本地 D 盘指定的文件夹下，取名为"CERNET_index.htm"，并且将该页面最右上角的照片另存为"CERNET_picture.bmp"。

同时启动 QQ 或者 126 电子邮箱，将主页页面和 CERNET_picture.bmp 照片作为邮件附件发送到指定邮箱。（共 10 分）

2. 使用中文 Google 查找北京 10 所重点大学（北京大学、清华大学等）的简介，并将各个大学的简介内容以学校名称为文件名，分别保存到指定的文件夹中。（共 10 分）

3. 在中文 Yahoo 主页中通过浏览器工具栏上的"搜索"按钮，查找提供免费音乐的相关网站。同时在浏览器内将当前页作为邮件发送到指定邮箱，并将各个免费音乐网站（如音乐在线、音乐 MTV 等）的主页页面和网址，以它的网站名为文件名，分别保存到指定的文件夹中。（共 20 分）

4. 以框架方式设计"中国流行音乐网"网页，如图 7-40 所示。（共 30 分）

图 7-40　流行音乐网站的网页效果

（1）上框架页中的标题设置为隶书、粗体、大小为 6、带下划线、居中框架的高度为 60 像素，其他为默认值。

（2）在右边框架插入任意一张图片，图片上方空一行，图片大小为100像素×100像素并居中。

（3）将文字"音乐在线"与http://music.cnool.net/网页建立超链接。

（4）将文字"音乐MTV"与http://www.cnmusic.com/网页建立超链接。

（5）建立文字"友情链接"网页的相关超链接。

（6）保存以上设计，页面名称依次为"above.htm""left.htm""right.htm"和"main.htm"。

5. 以框架方式设计"计算机图书"网页，如图7-41所示。（共30分）

（1）新建"横幅和目录"框架网页，设置右框架的初始网页为"main.htm"，各框架分别保存为"top.htm""left.htm"和"index.htm"。

（2）要求框架网页不显示边框。

（3）在顶部框架中插入图片"top.jpg"，在图片下面插入滚动字幕"欢迎来访网上书城！！！"效果如图7-41所示，插入的图片在网上任选。

图7-41 "计算机图书"网页的效果

（4）设置左框架的网页背景为淡蓝色；将文字"外语"与"外语.htm"建立超链接；将文字"华南网上书城"链接到http://www.exvv.com/。

综合设计题4　表单网页和个人网页制作

学号：_____　姓　名：_____　成　绩：_____

班级：_____　课程号：_____　任课教师：_____

题号	1	2	3	合计
得分				

综合作业要求：

（1）使用FrontPage设计并制作一个含有表单对象的网页以及个人主页；

（2）按题目要求，在规定时间内完成作业；

（3）整个作业压缩打包上交 RAR 文件，文件的大小不要超过 20MB。

题目要求如下。

1. 按图 7-42 所示样张，设计含有表单对象的网页。（共 30 分）

（1）设置标题"客户信息反馈"为楷体、粗体、黑色、大小为 6 并居左对齐，其余文字设置成蓝色。

（2）"姓名"后的文本框宽度为 16，名称为 Name；"职业"后的文本框宽度为 10，名称为 Profession，"E-mail 地址"后的文本框宽度为 18，名称为 Address。

（3）网页文件名为"Customer_Feedback.htm"。

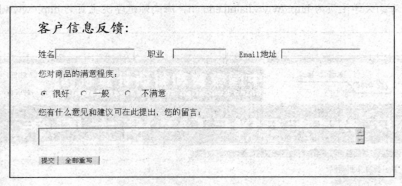

图 7-42 表单网页样张

2. 以框架方式设计个人主页，如图 7-43 所示。（共 35 分）

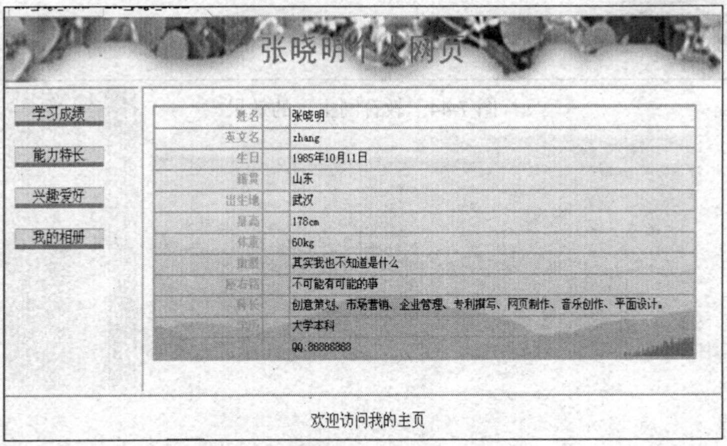

图 7-43 个人主页的效果

（1）新建一个"标题、页脚和目录"的框架网页，以"Personal_Page.htm"为文件名将该框架网页保存在指定文件夹下。

（2）在上框架中新建网页，输入标题"王晓明个人网页"，标题字体为黑体、24 磅、粉红色、居中；把图片"bingjing.jpg"设置为上框架网页的背景。（效果如样张所示，插入的图片在网上任选）

（3）在左框架新建网页，在网页中插入 4 个悬停按钮，分别命名为"学习成绩""能力特长""兴趣爱好"和"我的相册"；设置左框架页为"秋叶"主题，把悬停按钮"学习成绩"超连接到网页

"成绩表.htm"。

（4）设置右框架的初始页为"个人简介.htm"；

（5）在底部框架新建网页并插入字幕"欢迎访问我的主页"。

3．按图7-44所示样张，设计"中国教育和科研计算机网"网页。（共35分）

（1）插入"庆祝CERNET建设十周年"图片。

（2）设置超链接，当单击页头"中国教育和科研计算机网"图片时，打开网页http://www.edu.cn/。

（3）编辑"海南省入网单位"的表格。

（4）修改"海南大学"和"海南师范学院"超链接，使其能正确打开相关学校的主页。

说明 　海南大学主页为http://www.hainu.edu.cn，海南师范学院主页为http://www.hainnu.edu.cn。

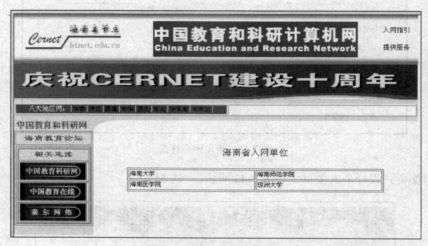

图7-44　教育网主页的效果

第8章
"数据库技术"实验

实验1　Access数据库的基本操作

一、实验目的

1. 掌握新建数据库文件的方法。
2. 掌握数据表的建立方法。
3. 掌握数据表的排序和筛选操作。
4. 掌握定义表间的关联关系的方法。

二、实验内容

1. Access的启动。

启动Access的方法有多种，通过"开始"菜单或单击Access快捷方式的图标都可以启动Access。成功启动后，弹出Access工作窗口，如图8-1所示。

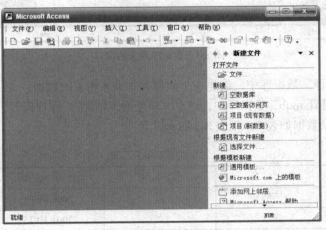

图8-1　Access工作窗口

2. 创建"学生选课.mdb"数据库文件。

如图8-1所示，单击窗口右边"新建文件"窗格中的"空数据库"选项，弹出"文件新建数据库"对话框，如图 8-2 所示，在此指定新建数据库的存放位置和文件名。单击"创建"按钮，完成新数据库的建立。

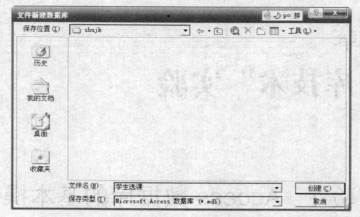

图 8-2　新建数据库文件对话框

本例中，我们创建一个"学生选课.mdb"数据库文件，如图 8-3 所示。

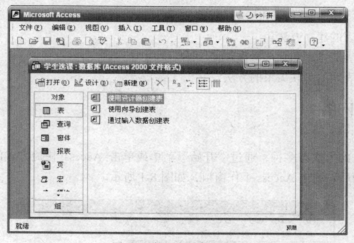

图 8-3　数据库对象的窗口

3. 在"学生选课"数据库中，创建 3 个数据表并录入相关的数据。

要求在"学生选课.mdb"数据库中，建立"学生基本情况""课程设置"和"学生选课"3 个表。各表字段和记录数据如表 8-1 至表 8-3 所示。

表 8-1　　　　　　　　　　　　　　　　　"学生基本情况"表

学　号	姓　名	性　别	出 生 日 期	籍　贯
2007001	冯亮	男	2000.05.01	北京
2007002	张缘	女	2001.10.15	辽宁
2007003	张伟	男	2002.08.25	湖北
2007004	陶红	女	1999.12.22	海南
2007005	李枚	女	2001.03.17	江苏

表 8-2   "学生选课"表

课 程 编 号	课 程 名 称	授 课 教 师	教 材 名 称
C120	计算机导论	张建平	计算机导论
C121	Access 数据库	周洁群	Access 数据库基础
C123	VB 程序设计	张海英	VB 程序设计基础
C124	数据结构	林 雁	数据结构

表 8-3   "课程设置"表

学 号	课 程 编 号	学 号	课 程 编 号
2007001	C120	2007003	C120
2007001	C121	2007003	C121
2007002	C121	2007004	C123
2007002	C120	2007004	C120

建立数据表的操作过程如下。

（1）在图 8-3 "学生选课：数据库"窗口中，选择 "表"对象，单击 "新建"按钮，弹出 "新建表"对话框，如图 8-4 所示。在对话框中选择 "设计视图"选项，单击 "确定"按钮后，进入定义表结构窗口，如图 8-5 所示。

（2）在图 8-5 中的 "字段名称"列中输入各字段的名称，然后移动鼠标到 "数据类型"列，选择字段的数据类型。

图 8-4   "新建表"窗口

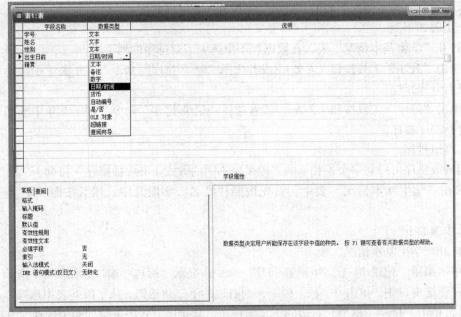

图 8-5   定义表结构

（3）在图 8-5 所示窗口下面指定字段的属性，主要包括如下几项。

◆ 字段大小：限定文本字段的长度和数字型数据的类型。

◆ 格式：控制数据显示或打印的格式。

◆ 输入掩码：指定所输入数据的有效型标志。

◆ 标题：用于在窗体和报表中取代字段名称。

◆ 默认值：添加新记录时自动加入到字段中的值。

◆ 有效性规则：根据表达式或宏建立的规则来确认数据。

定义好表 8-1 中各字段的名称和数据类型等属性后，可以继续定义表的主键。首先选中表中的“学号”字段列作为主键列，然后单击工具栏上的“主键”图标，定义完成后保存表，取名为“学生基本情况”。

（4）添加数据。向表中添加记录时，表必须处于打开状态，即在数据表列表中用鼠标双击“学生基本情况”表，然后按表 8-1 所给的 5 条记录数据输入，如图 8-6 所示。

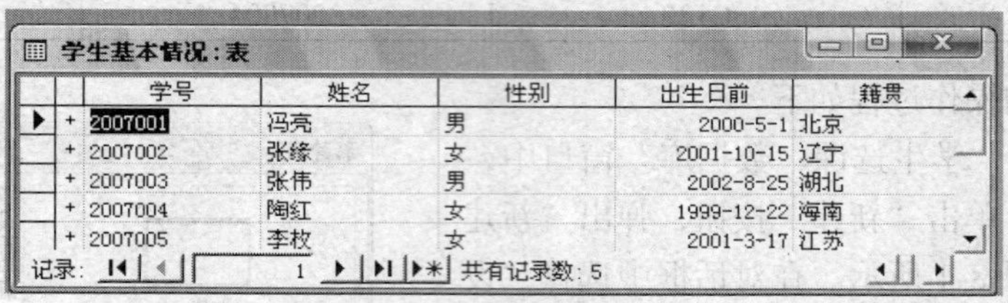
学生基本情况 : 表

学号	姓名	性别	出生日前	籍贯
2007001	冯亮	男	2000-5-1	北京
2007002	张缘	女	2001-10-15	辽宁
2007003	张伟	男	2002-8-25	湖北
2007004	陶红	女	1999-12-22	海南
2007005	李枚	女	2001-3-17	江苏

记录: 1 共有记录数: 5

图 8-6 “学生基本情况”表

（5）用上述类似的操作方法，创建“课程设置”表和“学生选课”表。

4. 数据表的排序和筛选操作。

要求对“学生基本情况”表进行数据的排序和筛选操作。

（1）简单排序。

要求按“学生基本情况”表的“姓名”字段升序或降序排序。

操作步骤如下。

① 打开“学生基本情况”表，在数据视图中选中需要排序的列字段。

② 单击“升序”工具按钮（A-Z），或者选择“记录/排序”命令，在子菜单中选择“升序”选项，进行升序排序。

③ 单击“降序”工具按钮（Z-A），或者选择“记录/排序”命令，在子菜单中选择“降序”选项，进行降序排序。

（2）高级排序。

使用高级排序可以对多个不相邻的字段采用不同的方式（升序或降序）排列。

要求在“学生基本情况”表中，首先按照“姓名”字段升序，然后按照“籍贯”字段降序排列。

操作步骤如下。

① 打开“学生基本情况”表。

② 单击菜单“记录/筛选/高级筛选/排序”命令，显示“筛选”窗口，如图 8-7 所示。

③ 在筛选窗口中，单击“字段”栏第一列右边的下三角按钮，从字段列表中选择“姓名”字段。然后，单击“排序”框单元右边的下三角按钮，从排序方式的下拉列表中选择“升序”。

④ 单击"字段"栏第二列右边的下三角按钮，从字段列表中选择"籍贯"字段。然后，单击"排序"框单元右边的下三角按钮，从排序方式的下拉列表中选择"降序"。

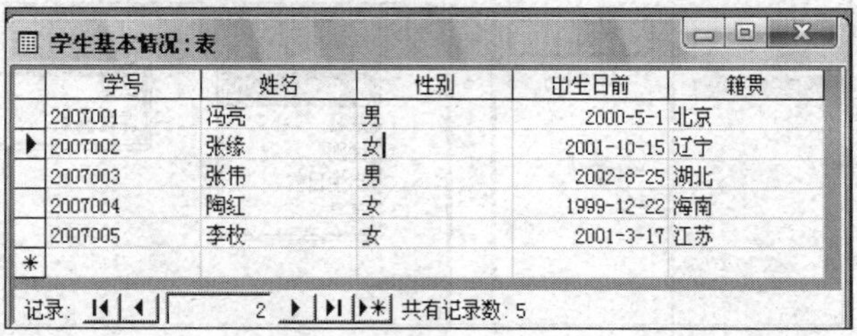

图 8-7 光标定在性别="女"单元

⑤ 单击子菜单"筛选/应用排序/筛选"命令，或单击"应用程序"工具按钮，Access 将按照指定的顺序对表中的记录进行排序并显示各记录。

（3）数据筛选。

筛选是选择查看记录，并不是删除记录。筛选时用户必须设定筛选条件，然后 Access 筛选并显示出符合条件的数据。

要求在"学生基本情况"表中筛选女生的记录。

操作步骤如下。

① 打开"学生基本情况"表，在数据视图中，将当前位置定在性别字段是"女"的单元上，如图 8-7 所示。

② 单击菜单栏中的"记录/筛选/按指定内容筛选"命令，数据表将显示所有性别是"女"的记录，如图 8-8 所示。

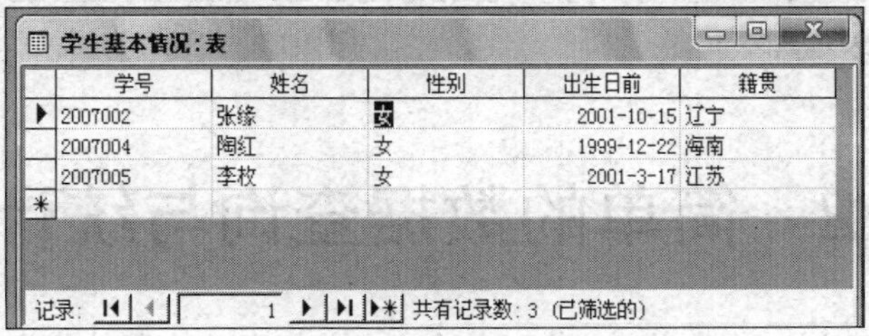

图 8-8 筛选后的结果

5. 定义表间的关联关系。

要求在"学生选课.mdb"数据库中的 3 个表"学生基本情况"、"课程设置"和"学生选课"之间建立关联关系。在本例中，用于建立关系的字段和它们各自对应的表如下：

通过"学号"字段，建立"学生基本情况"表和"学生选课"表的一对多的关系；

通过"课程编号"字段，建立"课程设置"表和"学生选课"表的一对多的关系。

操作步骤如下。

（1）单击主窗口工具栏上的"关系"图标，弹出图 8-9 所示的窗口。在此窗口中选择要建立关系的表，单击"添加"按钮，添加完成后单击"关闭"按钮，返回到图 8-10 所示的"关系"窗口。

（2）在"关系"窗口中，用鼠标选中"学生基本情况"表中的"学号"字段，将其拖曳到"学生选课"表上的"学号"字段上，并释放鼠标左键，系统会弹出"编辑关系"窗口，如图 8-11 所示，单击"创建"按钮，创建此关系并返回到"关系"窗口。

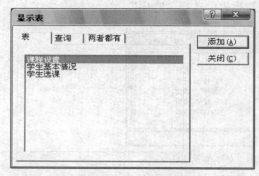

图 8-9　选择建立关系的表

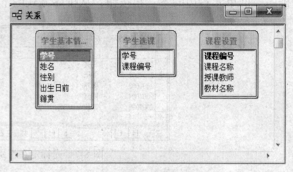

图 8-10　"关系"窗口

类似方法，可以通过拖动"课程编号"字段创建"学生选课"表和"课程设置"表的关联关系。此时，在此窗口中用连线显示出了刚建立的表间的关联关系，如图 8-12 所示。

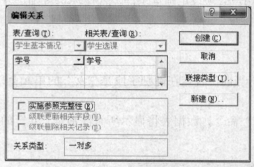

图 8-11　"编辑关系"窗口

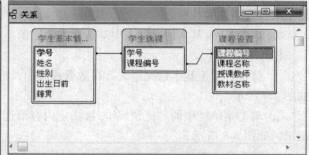

图 8-12　建立好表间关系的"关系"窗口

实验 2　简单的数据查询与统计操作

一、实验目的

1. 认识数据库中查询的基本概念。
2. 掌握建立查询的方法。
3. 掌握 SQL 查询的方法。
4. 掌握 SELECT 语句的基本功能。

二、实验内容

1. 创建查询。

所谓查询，是指根据用户指定的一个或多个条件，在数据库中查找满足条件的记录，并将其作为文件存储起来。

本例要求查询有哪些学生选修了"Access 数据库"课程以及任课教师姓名的信息。

创建该查询的操作步骤如下。

（1）在图 8-3 所示的主窗口中，选择"查询"对象，然后单击"新建"按钮，弹出"新建查询"对话框，如图 8-13 所示。在此窗口中选择"设计视图"选项，然后单击"确定"按钮，弹出与图 8-9 相同的窗口，在此窗口中选择查询中所涉及的表，即"学生基本情况"表、"课程设置"表和"学生选课"表，单击"添加"按钮，选择后单击"关闭"按钮，进入图 8-14 所示的窗口。

图 8-13　"新建查询"窗口

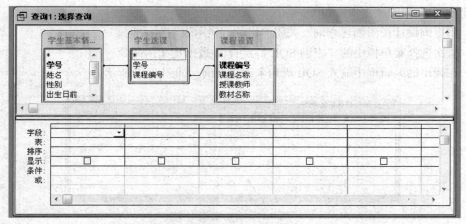

图 8-14　指定查询的列和查询条件的窗口

（2）在图 8-14 所示窗口的"字段"列表框中，选择要查询的字段，这里我们选择查询学生的学号、姓名、性别、课程名称和授课教师字段，在"条件"部分指定数据的筛选条件，在"课程名称"列和"条件"行相交的单元格中输入"Access 数据库"，如图 8-15 所示。

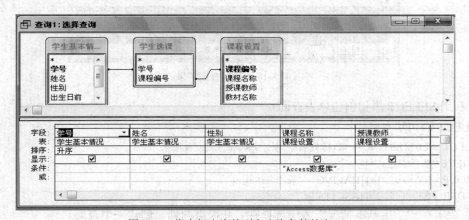

图 8-15　指定好查询的列和查询条件的窗口

（3）单击"查询"菜单中"运行"命令，便可以得到图 8-16 所示的查询结果。

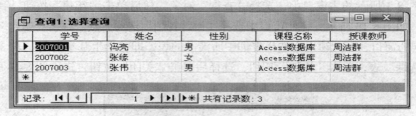

图 8-16　查询结果

（4）定义好查询后，可单击工具栏上"保存"图标，将所建查询文件保存起来。

2. SQL 查询。

SQL 查询是由用户使用 SQL 创建查询。通过 SQL，用户可以告诉数据库要做什么，而不必考虑怎样做，因此它被广泛应用于各种数据库系统中。

要求用 SELECT 命令，查找籍贯为海南的学生记录。

创建 SQL 查询的操作步骤如下。

（1）用查询设计视图创建查询，关闭弹出的"显示表"对话框。

（2）依次选择菜单栏中的"查询/SQL 特定查询/数据定义"命令。

（3）在弹出的编辑框中输入 SQL 语句来创建查询，如图 8-17 所示。

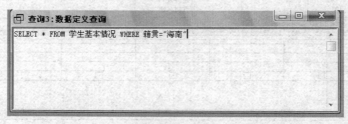

图 8-17　SQL 查询命令

（4）单击菜单栏中的"查询/运行"命令，得到图 8-18 所示的结果。

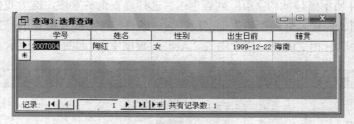

图 8-18　SQL 查询结果

3. 利用 SELECT 语句创建单表查询。

SELECT 语句基本格式：

SELECT [ALL | DISTINCT] <目标列名序列>　FROM <表或视图>
[WHERE <条件表达式>]
[GROUP　BY <列名 1>] [HAVING　<条件表达式>]
[ORDER　BY <列名 2>] [ASC | DESC]

（1）要求在"学生基本情况"表中选择姓名和籍贯两列，创建一个查询。

操作命令：SELECT 姓名，籍贯 FROM 学生基本情况

查询结果如图 8-19 所示。

（2）要求从"学生基本情况"表中选择所有女学生的信息。

操作命令：SELECT *　FROM 学生基本情况 WHERE 性别="女"

查询结果如图 8-20 所示。

图 8-19　查询结果 1

图 8-20　查询结果 2

（3）要求从"学生基本情况"表中选择所有女学生的信息，并按姓名从低到高排序。

操作命令：SELECT *　FROM 学生基本情况 WHERE 性别="女" ORDER BY 姓名

查询结果如图 8-21 所示。

（4）要求从"学生基本情况"表中统计男女学生的人数。

操作命令：SELECT 性别，COUNT(*) AS 人数　FROM 学生基本情况 GROUP BY 性别

查询统计结果如图 8-22 所示。

图 8-21　查询结果 3

图 8-22　查询统计结果 4

综合设计题 1　学生选课系统数据库设计

学　号：_____　姓　名：_____　成　绩：_____

班　级：_____　课程号：_____　任课教师：_____

题号	1	2	合计
得分			

综合作业要求：

（1）使用 Access 数据库管理系统，做出一个学生选课系统数据库的设计；

（2）按题目要求，在规定时间内完成作业；

（3）整个作业压缩打包上交 RAR 文件，文件的大小不要超过 20MB。

题目要求如下。

关系数据库的设计分为 5 个阶段：需求分析、概念模式设计、逻辑模式设计、数据库实施、数据库运行和维护。做出一个学生选课系统数据库的设计。

1. 系统功能需求分析如下。

（1）学生的基本信息包括：姓名、学号、性别、出生日期、籍贯、民族、相片和简历；

（2）课程信息：课程号、课程名称、学时数和学分；

（3）学生可选任一门课程，一门课程可被多位学生所选；

（4）可查询学生课程成绩。

2. 根据上述系统功能需求分析，试完成下列设计。

（1）根据需求，设计概念模型，用实体-联系图（E-R 图）来表示。（共 35 分）

（2）利用关系数据模型进行逻辑结构设计，用关系模式描述本系统中的各种关系（主键加下划线）。（共 35 分）

（3）利用二维表格设计各关系数据表的结构（字段名、类型、宽度等）。（共 30 分）

综合设计题 2　学生成绩管理系统开发

学号：_____　姓　名：_____　成　绩：_____

班级：_____　课程号：_____　任课教师：_____

题号	1	2	3	4	5	合计
得分						

综合作业要求：

（1）使用 Access 数据库管理系统开发一个小型的学生成绩管理系统；

（2）按题目要求，在规定时间内完成作业；

（3）整个作业压缩打包上交 RAR 文件，文件的大小不要超过 20MB。

题目要求：通过对学生成绩管理系统的需求分析，在 Access2003 环境下，实现学生成绩管理系统的开发。

1. 创建一个名称为"学生成绩管理系统"的数据库。（共 10 分）

在本地硬盘中创建一个新文件夹，名称为"学生成绩管理系统"，使用 Access 创建一个名称为"学生成绩管理系统"的数据库，如图 8-23 所示。

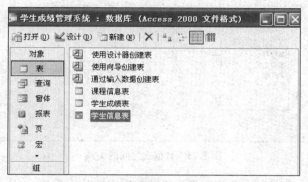

图 8-23 "学生成绩管理系统"数据库窗口

2. 在此数据库中创建 3 个数据表，并录入相应的数据。（共 20 分）

这 3 个数据表的名称分别为"学生信息表"、"课程信息表"和"学生成绩表"，数据表的表结构分别如图 8-24 所示。

图 8-24 建立的 3 个数据表

3. 建立上述 3 个数据表之间的关联关系。（共 20 分）

在"学生信息表"和"学生成绩表"之间建立一对多的关系。

在"课程信息表"和"学生成绩表"之间建立一对多的关系。如图 8-25 所示。

4. 创建一个查询，查询的名称为"学生成绩查询"。（共 25 分）

该查询完成的功能是：根据输入的学生学号，查找某个学生所学课程及成绩的相关信息。

该查询涉及的字段来自于上述的 3 个数据表中的某些字段，这些字段分别是：

"学生信息表"中的学号、姓名、性别这 3 个字段；

"课程信息表"中的课程名称字段；

"学生成绩表"中的成绩字段。

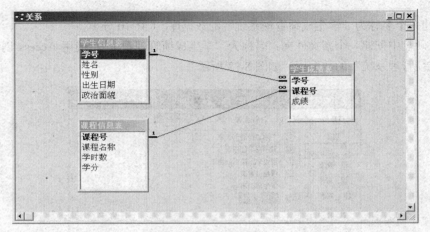

图 8-25　数据表之间的关系

5. 创建一个窗体，窗体的名称为"学生成绩查询窗体"。（共 25 分）

在该窗体中，根据用户输入的学生学号，显示此学生所学的各门课程的相关信息，包括学生的学号、姓名、性别以及考试成绩等。查询窗体运行结果如图 8-26 所示。

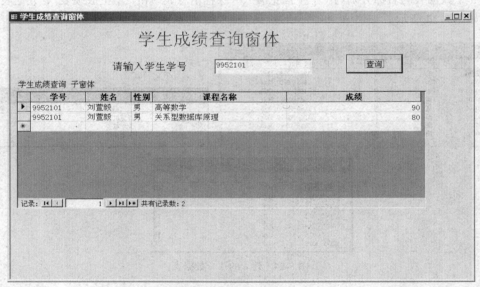

图 8-26　查询窗体运行结果

第9章
"程序设计基础" 实验

实验 1　Visual Basic 6.0 编程环境的使用

一、实验目的

1. 了解 Visual Basic 6.0 编程环境。
2. 掌握 VB 的 3 种工作模式。
3. 掌握新建一个 VB 工程的方法。

二、实验内容

1. 启动 Visual Basic 6.0。

Visual Basic 6.0 采用可视化的编程环境，好学易用。运行 Visual Basic 6.0 后，会弹出图 9-1 所示的工作界面窗口。

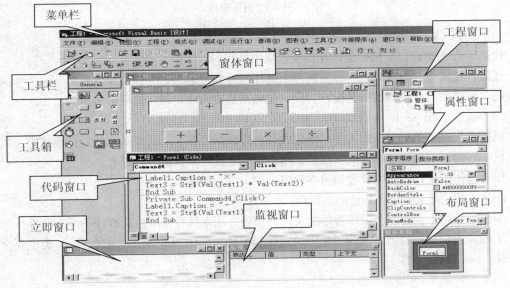

图 9-1　Visual Basic6.0 主工作界面

2. 认识 VB 的集成开发环境。

VB 的集成开发环境主要包括以下内容。

（1）主窗口。

VB 的主窗口主要由应用程序窗口、标题栏、菜单栏和工具栏组成。

窗体的最上层是菜单栏和工具栏，菜单中包含了所有 VB 提供的功能选项，而其中一些常用的功能或操作选项则被提取出来放在了工具栏中，通过单击这些工具按钮可以加快程序开发的速度。常见工具按钮的作用如图 9-2 所示。

图 9-2　工具按钮的作用

（2）窗体（Form）窗口。

设计 VB 程序的界面，如图 9-3 所示。

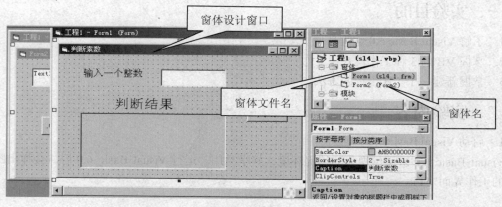

图 9-3　窗体窗口

（3）代码（Code）窗口。

代码（Code）窗口是编辑窗体和标准模块中的代码，如图 9-4 所示。

在设计模式中，通过双击窗体或窗体上的任何对象或通过"工程资源管理器"窗口中的"查看代码"按钮来打开代码编辑器窗口。代码编辑器是输入应用程序代码的编辑器。

（4）属性（Properties）窗口。

属性是指对象的特征，如大小、标题或颜色等数据。在 Visual Basic 6.0 设计模式中，属性窗口列出了当前选定窗体或控件的属性值，用户可以对这些属性值进行设置。

所有窗体或控件的属性设置都可在此窗口中运行，如图 9-5 所示。

（5）工程资源管理器（Project）窗口。

工程是指用于创建一个应用程序的文件的集合，用来保存一个应用程序的所有文件。

工程资源管理器列出了当前工程中的窗体和模块，如图 9-6 所示。它包含 3 类主要文件，即 .frm、.bas 和 .cls 文件。

（6）工具箱（Toolbox）窗口。

该窗口显示了各种控件的制作工具，利用这些工具，用户可以在窗体上设计各种控件。

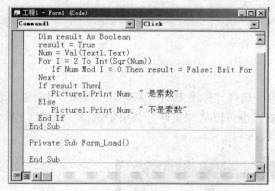

图 9-4　代码窗口　　　　　　　　　　　　　　　图 9-5　属性窗口

（7）窗体布局窗口。

该窗口的主要功能是使所开发的应用程序能在各个不同分辨率的屏幕上正常运行，用户只要用鼠标拖动窗体布局窗口中的 Form 窗体，就可以决定该窗体运行时的初始位置。如图9-7 所示。

图 9-6　工程资源管理器窗口　　　　　　　　　　图 9-7　窗体布局窗口

3．认识 VB 的 3 种工作模式。

VB 的 3 种工作模式（标题栏总显示当前模式）如下。

（1）设计模式。

创建应用程序的大多数工作都是在设计时完成的。在设计时，可以设计窗体、绘制控件、编写代码，并使用"属性"窗口来设置或查看属性设置值。

（2）运行模式。

代码在运行时，用户可与应用程序交流。用户可以查看代码，但不能修改代码。

（3）中断模式。

程序在运行的中途被停止执行时的模式。在中断模式下，用户可查看各变量及不是属性的当前值，从而了解程序执行是否正常，还可以修改程序代码，检查、调试、重置、单步执行或继续执行程序。

4．新建一个 VB 的工程。

VB 工程的组成如下。

（1）工程文件（.vbp）：与该工程有关的全部文件和对象的清单。

（2）窗体文件（.frm）：控件及属性、事件过程和自定义过程。

（3）窗体的二进制数据文件（.frx）：自动产生同名.frx 文件。

（4）标准模块文件（.bas）。

（5）类模块的文件（.cls）。

（6）资源文件（.res）。

（7）ActiveX 控件的文件（.ocx）。

在启动程序时，弹出"新建工程"对话框，选择"标准 EXE"后单击"确定"按钮，就能直接新建一个工程。如果系统跳过了这个对话框，也可以从"文件"菜单中选择"新建工程"命令重新调出此对话框。如图 9-8 所示。

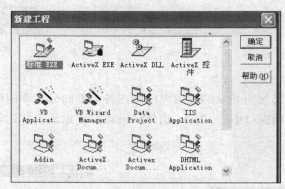

图 9-8 "新建工程"对话框

实验 2 简单 VB 计算器程序设计实例

一、实验目的

掌握 VB 程序的编辑、调试与运行的方法。

二、实验内容

1. 在本地硬盘中创建一个新文件夹，名称为"VB 计算器程序"，使用 Visual Basic 开发环境，编写一个小学生使用的 VB 计算器程序，界面如图 9-9 所示。所有文件都放入"VB 计算器程序"文件夹内。

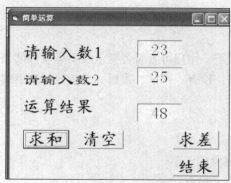

图 9-9 计算器应用程序界面

程序设计要求：设计一个 VB 计算器应用程序，由用户输入数 1 和数 2，实现下列功能。

单击"求和"按钮，则计算出两数之和。

单击"求差"按钮，则计算出两数之差。

单击"清除"按钮，则 3 个文本框全部清空。

单击"结束"按钮，则结束应用程序。

2. 新建一个工程，创建窗体。

启动 VB 弹出"新建工程"对话框，选择"标准 EXE"选项后，单击"确定"按钮，就能直接新建一个工程。或选择从"文件/新建工程"命令，也可以调出

"新建工程"对话框,选择"标准 EXE"选项,系统会默认提供一个窗体(Form1),如图 9-10 所示。用户可在此窗体上添加控件,以构建用户界面。

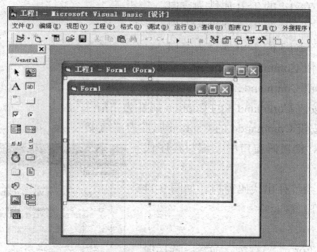

图 9-10　新建窗体 Form1

3. 在 Form1 窗体上添加控件,进行界面设计。

设置控件的方法:在 VB 工具箱中选择要添加控件的按钮,此时鼠标指针变成"+"字型。将"+"字型指针移到窗体的适当位置,然后按下左键并拖动鼠标,可按所需大小画出一个控件。按照上述方法,可在窗体上添加如下控件。

(1)通过工具"Label"(图标 **A**)画出 3 个标签框(简称标签)。

- 标签 Label1:用于显示文字"请输入数字 1"。
- 标签 Label2:用于显示文字"请输入数字 2"。
- 标签 Label3:用于显示文字"运算结果"。

(2)通过工具"TextBox"(图标 abl)画出 3 个文本框。

- 文本框 Text 1:用于输入数字 1。
- 文本框 Text 2:用于输入数字 2。
- 文本框 Text 3:用于显示输出运算结果。

(3)通过工具"Command Button"(图标 ▢)画出 4 个命令按钮。

- 命令按钮 Command 1:　用于"求和"按钮,计算出两数之和。
- 命令按钮 Command 2:　用于"求差"按钮,计算出两数之差。
- 命令按钮 Command 3:　用于"清除"按钮,全部清空 3 个文本框。
- 命令按钮 Command 4:　用于"结束"按钮,结束应用程序。

4. 设置对象属性。

设置对象属性的方法:用鼠标单击窗体上要设置属性的对象,使其处于选定状态。此时属性窗口会自动显示该对象的属性列表框,列表框左半边显示所选对象的所有属性名,右半边显示属性值。找到需设置的属性,然后对该属性进行设置或修改。按照上述方法,可以设置以下对象的属性。

(1)设置 Form1 的 Caption(标题名)属性为"计算器程序"。

(2)设置标签 Label1 的 Caption 属性为"数字 1"。

（3）设置标签 Label2 的 Caption 属性为"数字 2"。

（4）设置标签 Label3 的 Caption 属性为"运算结果"。

（5）设置文本框 Text 1 的 Text 属性为空白。

（6）设置文本框 Text 2 的 Text 属性为空白。

（7）设置文本框 Text 3 的 Text 属性为空白。

（8）设置命令按钮 Command 1 的 Caption 属性为"求和"。

（9）设置命令按钮 Command 2 的 Caption 属性为"求差"。

（10）设置命令按钮 Command 3 的 Caption 属性为"清除"。

（11）设置命令按钮 Command4 的 Caption 属性为"结束"。

5．在窗体上的对象代码窗口中，编写程序代码，建立事件过程。

双击当前窗体，系统弹出代码窗口，如图 9-11 所示。输入本例的程序代码。

6．保存工程。

（1）选择"文件/Form1 另存为"命令，选择保存位置，保存窗体文件。

（2）选择"文件/工程另存为"命令，选择保存位置，保存工程文件。

7．运行程序，显示运行结果。

单击工具栏上的"启动"按钮，或者选择"运行/启动"命令，即可用解释方式运行程序。

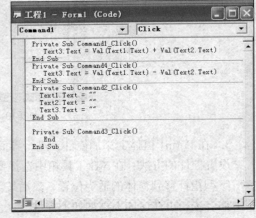

图 9-11　对象代码窗口

综合设计题 1　VB 账号和密码检验程序

学号：＿＿＿＿＿＿　姓　名：＿＿＿＿＿＿　成　绩：＿＿＿＿＿＿

班级：＿＿＿＿＿＿　课程号：＿＿＿＿＿＿　任课教师：＿＿＿＿＿＿

题号	1	2	3	4	5	合计
得分						

综合作业要求：

（1）使用 Visual Basic 开发平台，学习一个简单 VB 程序的编写、调试和运行过程；

（2）按题目要求，在规定时间内完成；

（3）整个作业压缩打包上交 RAR 文件，文件的大小不要超过 20MB。

题目要求如下。

1．在本地硬盘中创建一个新文件夹，名称为"编写账号和密码检验程序"，使用 Visual Basic 开发环境，编写一个网站使用的账号和密码检验程序。所有文件都放入"编写账号和密码检验程序"文件夹内。（10 分）

要求：账号不超过 6 位数字，若出错则清除原内容再输入。密码输入时在屏幕上以"*"代替。若密码错，则显示有关信息，选择"重试"按钮，清除原内容再输入，选择"取消"按钮，停止运行。如图 9-12 和图 9-13 所示。

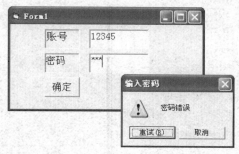

图 9-12 输入"密码"

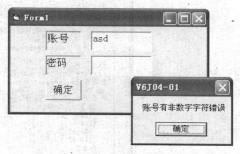

图 9-13 输入"密码"确认

2. 新建一个工程，使用 Form 窗体和属性窗口进行界面设计，如图 9-14 所示。（30 分）

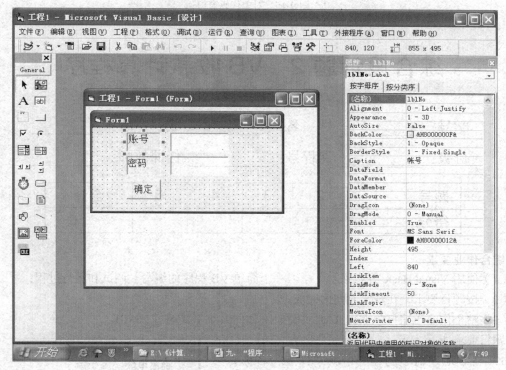

图 9-14 Form1 窗体

分析：

账号 6 位，MaxLength 为 6，LostFocus 判断数字 IsNumeric 函数。

密码 PassWordChar 为"*"，MsgBox 函数设置密码错对话框。

3. 在窗体上的对象代码窗口中，输入图 9-15 所示的程序代码。（30 分）

4. 正确调试、运行程序，结果正确。（20 分）

5. 工程设计规范性、整体视觉效果。（10 分）

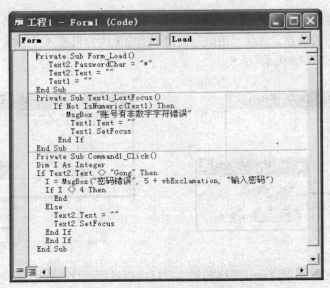

图 9-15　对象代码窗口

综合设计题 2　VB 收款计算程序

学号：＿＿＿＿＿　姓　名：＿＿＿＿＿　成　绩：＿＿＿＿＿

班级：＿＿＿＿＿　课程号：＿＿＿＿＿　任课教师：＿＿＿＿＿

题号	1	2	3	4	5	合计
得分						

综合作业要求：

（1）使用 Visual Basic 开发平台，学习一个简单 VB 程序的编写、调试和运行过程；

（2）按题目要求，在规定时间内完成；

（3）整个作业压缩打包上交 RAR 文件，文件的大小不要超过 20MB。

题目要求如下。

1. 在本地硬盘中创建一个新文件夹，名称为"VB 收款计算程序"，使用 Visual Basic 开发环境，编写一个超市使用的收款计算程序，界面如图 9-16 所示。所有文件都放入"VB 收款计算程序"文件夹内。（10 分）

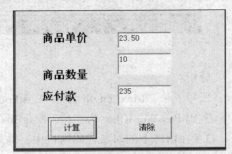

要求：程序运行时，输入商品单价、商品数量后，单击"计算"按钮则计算出应付的钱款；

单击"清除"按钮则 3 个文本框全部清空。

图 9-16　收款计算程序界面

2. 新建一个工程，使用 Form1 窗口和属性窗口进行界面设计，如图 9-17 所示。（30 分）

图 9-17　Form1 窗体

3. 在窗体上的对象代码窗口中，输入图 9-18 所示的程序代码。（30 分）

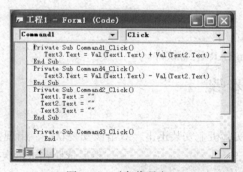

图 9-18　对象代码窗口

4. 正确调试、运行程序，结果正确。（20 分）
5. 工程设计规范性、整体视觉效果。（10 分）

第 10 章
"常用工具软件" 实验

实验 1 压缩和解压工具 WinRAR

一、实验目的

1. 学会安装与使用迅雷软件。
2. 学会安装与使用 WinRAR 压缩软件。

二、实验内容及步骤

1. 安装使用迅雷软件

（1）请同学们在自己的实验机上安装迅雷，双击该安装软件，出现安装界面，如图 10-1 所示，然后依照要求依次操作即可。

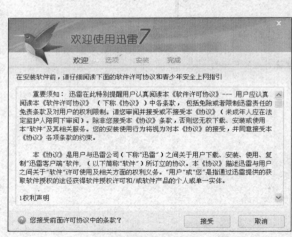

（2）安装好迅雷后，上网搜索压缩软件 WinRAR 与图片处理软件 ACDSee 的下载资源，找到资源后使用右键菜单中"使用迅雷下载"，将下载文件保存到 D 盘。

2. 安装与使用 WinRAR 压缩软件

（1）请同学们使用下载的 WinRAR 压缩软件安装包，在自己的实验机上安装，双击该安装软件，出现安装界面，依照要求依次操作即可。

（2）使用 WinRAR 压缩软件。

本题提供了一个压缩文件的资料包，同学们要将其解压到 D 盘。如图 10-2 所示。

图 10-1　迅雷安装界面

（3）压缩文件的操作。

如果要压缩文件，先用鼠标选择好要压缩的文件（实例为"常用工具软件.doc"），再点一下"添加"按钮，弹出"档案文件名字和参数"对话框，如图 10-3 所示。

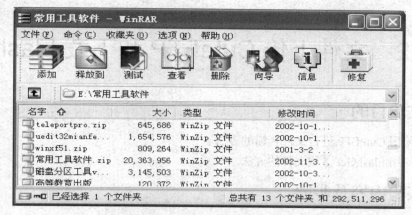

图 10-2   WinRAR 压缩软件界面

其中：

① "档案文件名"用于输入压缩文件的路径和文件名，可以单击"浏览"指定文件名。

② "档案文件类型"可以选择压缩成 RAR 文件，还是压缩为 ZIP 文件，默认为 RAR 文件。

③ 进行其他设置后，单击"确定"按钮开始压缩。

（4）解压缩的操作。

① 解压缩要选好要解压缩的文件，比如这个"常用工具软件.rar"；

② 单击工具栏上的"释放到"按钮，弹出"释放路径和选项"对话框；

③ 在"释放路径和选项"对话框中输入或选择要解压缩到的目录；

④ 单击"确定"按钮，文件就被解压缩到选择的目录中了，如图 10-4 所示。

（5）解压缩部分文件。

WinRAR 是把压缩文件作为一个文件夹来管理，在它的文件列表中，双击一个 RAR 文件可以像查看文件夹一样查看压缩文件内部的文件，而且还可以选择这些文件进行解压缩。其解压缩的方法也很简单，先选定要解压缩的文件，再点一下工具栏上的"释放到"按钮，在弹出的解压缩对话框中选择要解压的目录，单击"确定"按钮，被选定的文件就被解压缩到指定的目录中了。

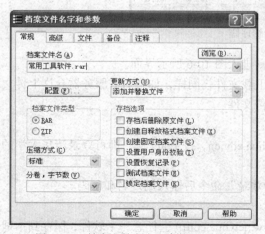

图 10-3   "档案文件名字和参数"对话框

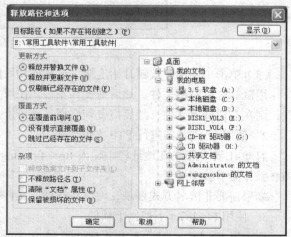

图 10-4   "释放路径和选项"对话框

实验 2　文件上传 CuteFTP 和下载 FlashGet

一、实验目的

1. 掌握使用 CuteFTP 进行文件传输的方法。
2. 掌握使用 FlashGet 下载文件的方法。

二、实验内容及步骤

在计算机中安装 CuteFTP 软件和 IE 浏览器。

1. 使用 CuteFTP 客户端软件访问 FTP 站点。

要求以 CuteFTP5.0 XP 访问 ftp.tsinghua.edu.cn 站点。

操作步骤如下。

（1）通过搜索引擎将 CuteFTP5.0 XP 软件从网络下载到本地硬盘，并运行安装。

（2）启动 CuteFTP5.0 XP，单击站点管理器，选择"文件/新建站点"命令，并按图 10-5 所示方式，填写站点标签（下载文件）、FTP 主机地址（ftp.tsinghua.edu.cn），按匿名方式登录。

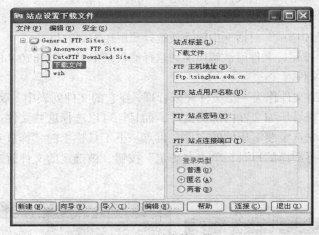

图 10-5　站点管理器

（3）单击"连接"按钮开始连接，连接成功后则进入图 10-6 所示界面。

用鼠标选取右栏文件，然后拖曳到左栏，便可下载文件；同样，如果对方服务器允许上传文件，则在左栏选取文件，然后拖曳到右栏，便可上传文件。

2. 使用 IE 浏览器进行 FTP 文件传输。

启动 IE 浏览器，在地址栏中输入 ftp:// ftp.tsinghua.edu.cn，按 Enter 键，即可登录清华大学的 FTP 服务器下载文件了。

如果需要非匿名方式登录，可以在选择"文件/登录"命令后输入用户名和密码。

3. 使用 FlashGet 下载网上软件。

要求以 FlashGet 1.5 下载华军软件园（http://www.newhua.com）上任意一个软件，保存到本地硬盘"共享文件夹"中。

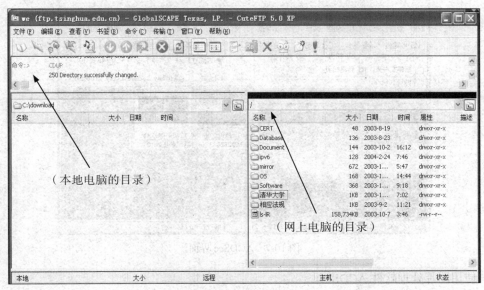

图 10-6　连接成功界面

操作步骤如下。

（1）通过搜索引擎将 FlashGet 1.5 软件从网络下载到本地硬盘，并运行安装。

（2）登录华军软件园网站查找想下载的软件，单击鼠标右键，弹出快捷菜单，选中"使用网际快车下载"命令，选择文件保存位置为 C:\共享文件夹，单击"确定"按钮后，文件开始下载。

实验 3　图片浏览器 ACDSee

一、实验目的

1. 掌握使用 ACDSee 浏览图片的方法。
2. 掌握使用 ACDSee 创建相册的方法。
3. 掌握使用 ACDSee 制作屏幕保护程序的方法。

二、实验内容及步骤

在计算机中安装 ACDSee 软件。

操作步骤是通过搜索引擎将 ACDSee 软件从网络下载到本地硬盘，并运行安装。

1. 安装图片处理软件 ACDSee。

使用下载到的 ACDSee 安装包，请同学们在自己的实验机上安装，双击该安装软件，出现安装界面，依照要求依次操作即可。进入的 ACDSee 界面如图 10-7 所示。

图 10-7　ACDSee 界面

2. 使用图片处理软件 ACDSee。

（1）实现功能。

· **图像格式的转换**：ACD See 可以处理多种的格式的图像，如 BMP、JPG、GIF、IFF 等，当我们遇到特殊情况时就有必要改变图片的格式。

操作步骤：

① 选中要改变格式的图片，点右键，弹出菜单，选择"转换"。

② 弹出"图像格式转换"对话框，如图 10-8 所示，可以进行格式转换操作。例如，将格式为".JPG"的图转换为".BMP"格式。

· **批量重命名**：就是将图片按照一定的规律进行命名，便于管理与查找。

图 10-8　"图像格式转换"对话框

操作步骤：

① 选中多个需要重命名的图像，单击右键，弹出菜单，选择"批量重命名"。

② 弹出的"批量重命名"对话框如图 10-9 所示。使用命名模板，改变命名的规律。

· **壁纸**：使用 ACD See 可以将我们自己喜欢的图片作为壁纸显示在桌面上。

操作步骤：

① 先浏览图片，找到作为壁纸的图片，选中后单击右键，在弹出的菜单中选择"墙纸/居中"或是"墙纸/平铺"；

② 如要取消只要选择"墙纸/还原"。

· **幻灯片演示**：操作步骤如下。

选择要浏览的图片，单击鼠标右键菜单中选择"幻灯片放映"。

（2）编辑。

ACD See 有个捆绑的图像编辑软件——ACD Systems ACD Foto Canvas，可以对图片做一些简单的编辑工作，如图 10-10 所示。

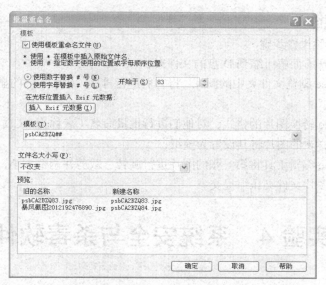

图 10-9 "批量重命名" 对话框

图 10-10 ACD FotoCanvas 界面

· 裁剪图片：浏览图片，选中图片，单击"裁剪"按钮，出现矩形框，选择你要裁剪的内容，选好后松开鼠标，在矩形区域双击左键即可；

不要的话可以在菜单栏的"编辑"→"撤消裁剪"。

· 调整图像大小：选择菜单"图像/调整大小"，如图 10-11 所示，能够调整图像的大小，主要是调整图像的像素。图像大小的调整改变了图像的显示效果。

· 旋转和翻转：主要在于两者的区别——旋转是面

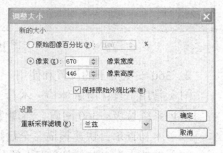

图 10-11 "调整大小" 对话框

上的，翻转是空间上的。

（3）ACDSee 实验操作步骤。

① 请同学们打开前面解压缩到 D 盘的文件夹；

② 使用 ACD See 浏览文件夹中的图片，将它们进行排序，使用不同的显示方式——缩略图、大图标、列表等；

③ 使用 ACDSee 转换图片的格式，对他们进行批量命名（名称为 ACD 加数字）；

④ 选择一个最喜欢的图片将其设置为壁纸；

⑤ 使用 ACDSee 编辑工具将第一张的图片进行旋转、裁剪并调整大小；

⑥ 将修改好的图片文件夹压缩提交。

实验 4　系统安全与杀毒软件

一、实验目的

1. 下载安装 360 安全卫士。

2. 掌握 360 安全卫士的设置和使用。

3. 掌握 360 杀毒软件的使用。

二、实验内容

1. 下载安装 360 安全卫士。

网络搜索 360 安全卫士安装软件资源，使用下载软件下载并保存在 D 盘，安装 360 安全卫士。可以直接到 360 安全卫士官方网站 www.360.cn 进行下载。如图 10-12 所示。

图 10-12　下载安装 360 安全卫士

2. 360 安全卫士的设置和使用。

（1）常用工具：电脑体检、木马云查杀、清理恶评插件、修复系统漏洞、系统修复、流量监控、清理系统垃圾、360 网盾、清理使用痕迹、软件管家。如图 10-13 所示。

（2）木马查杀：快速扫描、全盘扫描、自定义扫描。

（3）功能大全：360 安全卫士的各种功能的集合，如图 10-14 所示。

图 10-13 360 安全卫士

图 10-14 360 安全卫士功能大全

3. 360 杀毒软件的使用。

（1）360 杀毒。

网络搜索 360 杀毒安装软件资源，使用下载软件下载并保存在 D 盘，安装 360 杀毒。可以直接到 360 安全卫士官方网站 www.360.cn 进行下载。如图 10-15 所示。

图 10-15　360 杀毒

360 杀毒完全免费，无需激活码、轻巧、快速、不卡机，误杀率远远低于其他杀毒软件，能为电脑提供全面保护。360 杀毒无缝整合了国际知名的 Bit Defender 病毒查杀引擎，以及 360 安全中心潜心研发的木马云查杀引擎，它的双引擎的机制拥有完善的病毒防护体系，不但查杀能力出色，而且对于新产生的病毒木马能够第一时间进行防御。

（2）安全浏览器。

木马已经取代病毒成为当前互联网上最大的威胁，90%的木马用挂马网站通过普通浏览器入侵，每天会有 200 万用户访问挂马网站中毒。360 安全浏览器拥有全国最大的恶意网址库，采用恶意网址拦截技术，可自动拦截挂马、欺诈、网银仿冒等恶意网址。

360 安全浏览器（360SE）是互联网上最好用、最安全的新一代浏览器之一，和 360 安全卫士、360 杀毒等软件等产品一同成为 360 安全中心的系列产品。如图 10-16 所示。

图 10-16　360 安全浏览器

360 安全浏览器独创的沙箱技术，使在隔离模式下即使访问木马网站也不会感染木马。除了安全方面的特性，360 安全浏览器在速度、资源占用、防假死不崩溃等基础特性上同样表现优异，在功能方面拥有翻译、截图、鼠标手势、广告过滤等几十种实用功能，在外观上设计典雅精致，是外观设计非常好的浏览器，已成为广大网民使用浏览器的好的选择。

（3）360 游戏保险箱。

360 游戏保险箱是国内第一款完全免费的防盗号软件。它采用全新的主动防御技术，对盗号木马进行层层拦截，阻止盗号木马对网游、聊天等程序的侵入，帮助用户保护游戏账号、聊天账号、网银账号、炒股账号等，防止由于账号丢失导致虚拟资产和真实资产受到损失。

即使你的机器里存在盗号木马，当其进行盗号行为时，360 游戏保险箱能够对其拦截，给用户提供一个安全的游戏环境和上网环境，与 360 安全卫士配合使用，保护效果会加佳。如图 10-17 所示。

图 10-17　360 游戏保险箱